JN047259

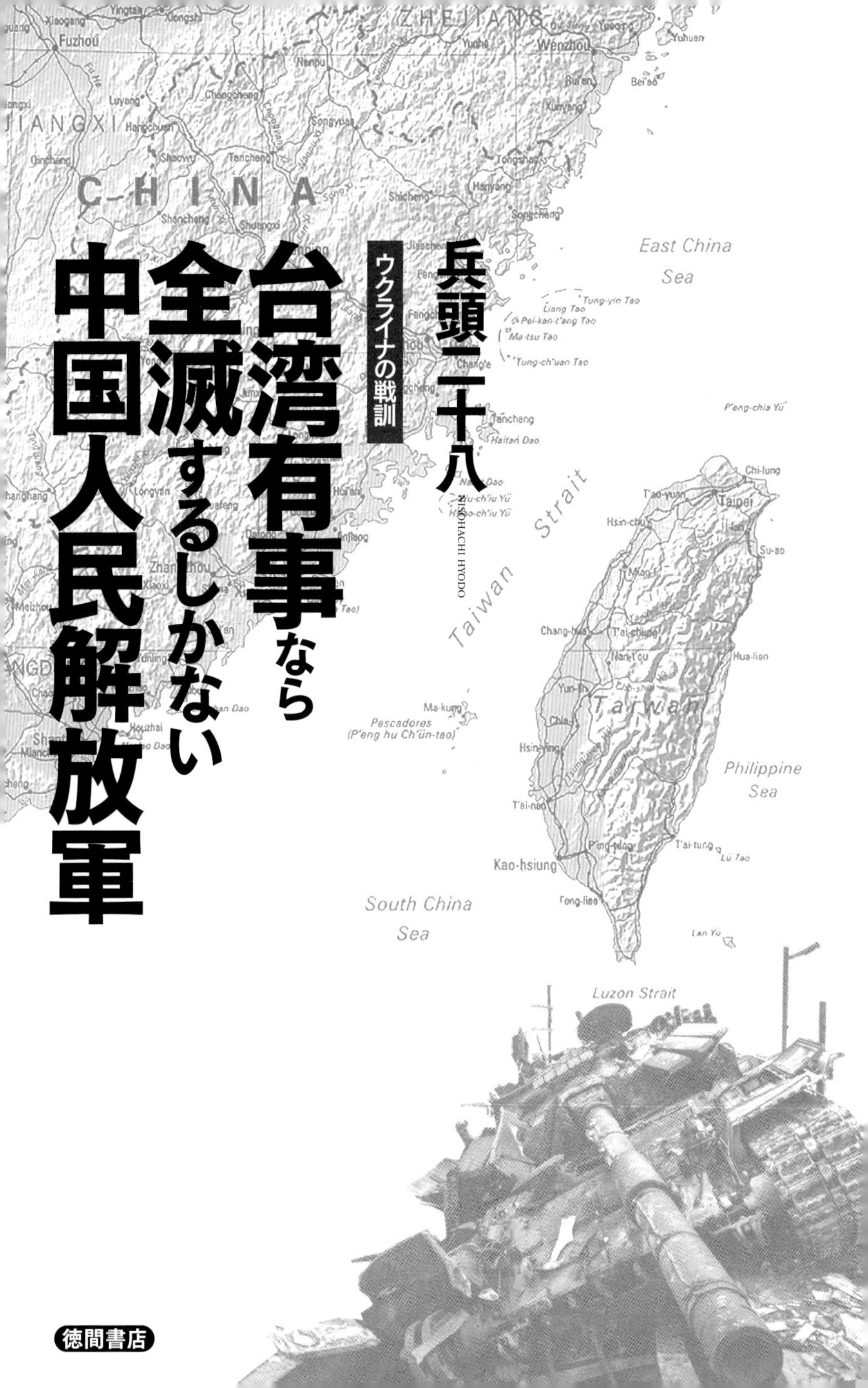
台湾有事なら
全滅するしかない
中国人民解放軍
ウクライナの戦訓
兵頭二十八
NISOHACHI HYODO
徳間書店
CHINA
East China Sea
Taiwan Strait
Taiwan
Philippine Sea
South China Sea
Luzon Strait
Pescadores
(P'eng hu Ch'ün-tao)

はじめに――ウクライナで起きた《Z侵略》は、極東でも起きる！

NATO（北大西洋条約機構）のような集団安全保障機構に属していなかったウクライナに、ロシア軍が3方向からの一斉侵攻を開始した2022年2月24日は、世界のすべての安全保障関係者たちにとり、自国の国防体制の反省や見直しを加速させる画期になりました。

もう21世紀だというのに、人類社会の成熟に逆行しようとする、醜怪な指導者によるおぞましいスタイルの侵略戦争が堂々と遂行され得るこの世界の現実に、わたしたちは、うんざりもしています。

しかし本書を落ち着いてお読みくだされば、心配性のあなたも、スッキリします。そのような侵略を未然に防いでしまう方法は、あるのです。

ウクライナの失敗と成功は、その豊富なヒントを、わたしたちに示してくれました。

彼らが知った生々しい教訓を、無駄にしてはなりますまい。

わが国の周辺で、次に本格規模の侵略戦争が起こりそうな場所としては、台湾があるでしょう。

本書は、現在進行中のウクライナ戦争の戦訓を抽出しながら、どうやったら台湾は、ウクライナのような侵略をされずに済むかを、考えようと思います。

台湾が独立を維持できるかどうかは、わが国の安全にも死活的に係わってくることについて、どなたにも異存はないでしょう。

「そこまでするのか」という話が多いかと思います。ですが、じつは、スイスやスウェーデンやフィンランドなど、ロシアの脅威を昔から真剣に考えざるを得なかった諸地域では、もう何十年も前から、日々、このレベルの「覚悟」はあるのです（附録参照）。

公然と法制化されたりしていないだけで、やれることを徹底的に考えて準備している。あるいは胸の内でシミュレーションをしている。それがロシア人にも伝わっているから、やれることもやらずに放っておいたウクライナのようには、安易には侵略の対象とされません。

「覚悟」が足りなければ、「後悔」がすぐやってくるのです。ウクライナの現況こそ、その雄弁な証言集ではないでしょうか?

なお本書では、今次ウクライナ戦争でロシアが見本を示したような、多くの国際法をあからさまに無視して強行する専制主義大国の侵略スタイルを《Z侵略》と仮称することにし、中華人民共和国による台湾征服作戦の性格も《Z侵略》に類したものになるとの推断に基づいて、筆を進めて参ります。ご了解ください。

ウクライナの戦訓　台湾有事なら全滅するしかない中国人民解放軍――目次

第1章　《Z侵略》では、都市は意図的な破壊の対象にされる　13

第2章 緒戦では侵略者による「空挺堡」の確保をゆるすな！　61

第3章 無人機戦争の未来が呈示された

第8章

附録

装幀——赤谷直宣

第1章

《Z侵略》では、都市は意図的な破壊の対象にされる

「ウクライナ」と「台湾」は、何が違って何が同じか

２０２２年５月の意識調査では、台湾人の61・４％が、もし中共軍が侵略してきたなら武器を執って抗戦する、と回答したそうだ。

これはカタログ上の「兵力」以上に侵略抑止力のある《事前の覚悟》である。

22年２月24日以前のウクライナ国内では、この《事前の覚悟》が、国軍内部を除いて、まるで可視化されていなかった。むしろ逆のメッセージが発信されていた。

まさにプーチンがよろこぶ情報だった。スパイたちがそれを手柄顔に「分析」してプーチンに報告すると、プーチンは「楽勝だ。１週間で征服できる」と思い込んでしまって、ありえないような軽率さで、現実の戦争が起きた。それは今や泥沼化し、次の世代になっても続くのではないかと現地住民たちは予想しているという。

22年のカタログデータで比較すると、中華民国（台湾）陸軍の現役兵力が８万８０００人であるのに対して、中国人民解放軍（中共軍）は96万人。戦車は台湾本島に１１１０両あるのに対して中国本土には６３００両だとする資料がある。

また、台湾海峡の幅130km以上の射程を飛ぶ、非核の地対地ミサイルは、弾道弾タイプだけでも中国側には1500発以上あり、対地攻撃用の巡航ミサイルは300発あるだろうというのがペンタゴンの見積もりだ。

それに対して台湾軍の「天戟」(Sky Spear)という短距離地対地弾道ミサイルは、2001年時点で50発ぐらいしかなかった。台湾政府による宣伝があまり触れないことから見て、現時点でもその数が10倍以上に増えたようには思い難い。地対地巡航ミサイルも、それ以上ではあるまい。

だがウクライナと台湾とでは、決定的に異なった所与の条件がある。

ロシアはウクライナの戦場に、ウラルやシベリアから集めた古い弾薬や大砲やAFV(装甲戦闘車両)を鉄道でシームレスに輸送して、途切れなく補給を続けることができるのだが、中共から台湾本島までつながった鉄道は、とうぜんながら1本も無い。

したがって、中共は、侵略戦争に必要となる、おびただしい弾薬(殊に野砲用の砲弾)とAFVと燃料を、まず支那大陸沿岸の港湾や大河に集積し、そこから揚陸艦や商船(カー・フェリー)、コンテナ船やばら積み貨物船に搭載し、それを動かして海上経由で台湾本島まで輸送するしかない。

鉄道線路を、爆破するなどして永続的に妨害するのは、一般人が想像するほど簡単ではない。数カ所を一時的に破壊することはできても、そのくらいはたちまちに修復される。大きな鉄橋を完全に吹き飛ばしたとしても、その寸断は長続きしない。信じられない人は、米空軍と米海軍の朝鮮戦争中の空爆ミッションを日ごとにまとめている資料（A. Timothy Warnock 氏が２０００年10月にネットに公開している「Air War Korea, 1950-53」）を見るとよい。

距離の近い日本の基地から発進したＢ－29とＢ－26とジェット戦闘攻撃機による猛爆を、鉄道結節点等に対していかほど反復しても、共産軍はすぐにバイパス鉄橋を架設するなどして、最後まで補給を続けられたと分かるだろう。

これに対して、海上補給は、阻止しやすい。弾薬や燃料を満載した貨物船は、低速である。その物資の搭載および陸揚げ作業は、たとい輸送艦船が港湾の岸壁に待ち時間無しで横付けできたとしても、そこから長時間を費やすしかない（彼岸の港には、荷物を持って行ってくれるトレーラー・トラックは、見つからないはずだ）。

低速航行中、あるいは港湾に停泊中の艦船を、航空機や対艦ミサイルによって照準・撃破し、あるいは機雷でハラスメントするのは、敵地後方の鉄道を攻撃するのとくらべれば、段違いに簡単確実だ。

徴用された民間の船員には、「ダメージ・コントロール」の基礎教養もない。被弾によって本船に火災が発生したとき、それを命がけで消火しようなどという動機も装備も、彼らは持たない。ふだんから、最少の人数で船長以下「安全第一」に大型船を運航しているので、化学火災や爆発浸水などの危険な非常事態が生じたときは、船を見捨ててボートで遠くに離れることだけが、彼らのオプションなのだ。

低速航行中に台湾軍のフロッグマン（水中特殊工作部隊員）が船へ乗り込んで来たような場合にも、１隻あたり数名の民間人だけで、防戦などできようはずもない。

そもそも、海象がちょっとでも荒れると、民間のカー・フェリーは、運航も接岸揚陸作業も難しくなる。天気図で低気圧を予測してそんな時節は避けるのがならいなのだ。じつは清朝までのシナ王朝による台湾支配が不確実であり続けたのも、台湾近海の非常に荒れやすい海が関係していた。何隻か入港できても、天候次第で、次が続いて来ない。

噂では中共軍はこういう研究をここ数年間やってみて、22年5月には、自動車運搬船（商船）による台湾上陸作戦は非現実的だと結論するしかなくなったともいう。

さてそうなると中共軍ははたしてどうやって台湾を占領する気なのかだが、彼らの最大の「強み」は兵員の規模にあるのだから、初盤において全縦深を同時に打撃する盛大なミサイル空襲と同時に複数の飛行場にヘリコプター部隊が「空挺堡」を確立し、ついでそこに大型民間旅客機を片道飛行で無尽蔵に殺到させて戦力を拡充。そこから主として機械化歩兵とＣＡＳ（近接航空支援）の協働により、なんとか海岸線まで支配地を拡げ、港湾（橋頭堡）を確保し、その港湾に、弾薬・燃料・重装備を積載した輸送艦を迎え入れる——という段取りにするしかないであろう。

初日の輸送主力となる民航機には、何の関係もない外国籍の民間人を50人ばかり強制混乗させておけば、途中で米軍も台湾軍もこれを撃墜できなくなる。《Z侵略》では、それくらいのことは朝飯前に平然と実行されるだろう。

また開戦劈頭の空挺作戦を成功させるためには、守備軍が特定の飛行場には集中できないように仕向けることも有意義だから、海上からの小舟艇を使ったゲリラ攻撃も、同時多発的に台湾本島の全海岸線に対して試みさせるに違いない。もちろん、それらは「陽攻」であって、本気で上陸はしてこない。しかし海岸の警備がもし甘ければ、その隙に必ず乗

中国の航空大手３社は22年７月、欧州エアバス社に「A320neo」旅客機×292機を発注した。この機体、日本では146席で運航されているが、最大乗客定員を194席にも拡大可能。重武装の歩兵だと80名くらい運べる。どうせ侵略に対する経済制裁でメンテ不能となるのなら、いっそ旅客機すべて「片道使い捨て」にして一斉に不時着させれば、空挺堡確保作戦は成功するだろう。（写真／Airbus）

ずるという構えを見せ、その企図を公言することによって、台湾守備軍の内線の機動を掣肘（せいちゅう）し、麻痺させようと狙うはずだ。

《Z侵略》の開始直後からしばらくの間、防衛国側では、都市住民の安全が、重大な課題になるだろう。

台湾の都市は、地対地ミサイルによる無差別攻撃に、連日連夜、さらされる。だが、それによって台湾国民の抗戦意思が挫けないことは、ウクライナ国民が示した前例通りになるだろう。

そのような展開――つまり、やってもムダ――となることがよくわかっているのに、中共軍の参謀本部としては、「都市攻撃にはミサイルを配分しない」という合理的な作戦を、策定するわけにいかないのである。

都市にクラスター爆弾が降ってくる

ロシア軍が異常な——戦略的に合理的かどうかも疑われる——都市砲爆撃を、どうも意図して各地で実施させているらしいと、SNSに投稿された画像／動画投稿によって世界が知るのは、22年の3月初旬だった。

ウクライナの都市郊外の幹線道路だけでなく、市心の街区に対してまで「クラスター（集束子弾）」仕様のロケット弾がランダムに降り注いでいた。そこにはウクライナ軍部隊の姿は無いのである。

上空で子弾をばら撒いてしまったあとのロケット弾の本体（後半部）は、それでも運動エネルギーが残っているから、舗装道路に深々と突き刺さる。それを引き抜いてみれば、弾頭部がクラスター仕様であったことは、型番表記からも残骸構造からも明白だった。

このロケット弾は、8輪トラックから12連射する、径30センチの「スメルチ」で、冷戦末期に米軍のMLRS（多連装ロケット砲システム）への対抗として開発されたものだ。射程はＭＬＲＳと等しく70㎞から90㎞もある。

２０１４年7月、ドンバス地方切り取り作戦において、露軍は、固定翼の無人観測機「オルラン－10」によって、ルハンスク近郊にウクライナ軍の1個旅団（数個の歩兵大隊からなる）が集結しようとしている地点を偵知。先制的にこの「スメルチ」のクラスター弾頭型を雨注することにより、２個の歩兵大隊を壊滅させたものであった。

ところが22年の今次戦争では、さすがにウクライナ軍も学習をしており、平野部に漫然と蝟集（いしゅう）することをしなかった。

それで「スメルチ」で狙うべき格好の目標（敵部隊の暴露した集結地）が、おいそれとはみつからないようになったのだろう。

かたわら、露軍の前線司令官には、上層部（＝プーチン）から「早く〇〇市を占領して成果を示さんか！」との督促が矢継ぎ早に届く。露軍の司令部には「目付け役」として、ソ連伝統の「政治将校」も配属されているので、各級司令官がこれを無視することは不可能である（中共軍も同じシステムだ）。

やむをえず、前線司令官は、こんなの無駄であると知りつつ、貴重な「スメルチ」を、当面した都市の上へ降り注がせたのだろう。

それがどのくらいの無駄使いなのかというと、露軍が準備していたロケット弾は、「GLONASS」航法衛星の電波を飛翔の後半に参照して落下コースを修正し、狙った座標に精密に子弾の投網をかけられるようにしてある、最新のハイテク版なのであった。とうぜん高額だし、在庫数だって多くはない。

それに対して目標とする都市には、ウクライナ兵は分散して展開していた。常にどこか一箇所に固まっていたりはしない。各自で塹壕を掘り、住民が手作りした偽装網などで覆ってある。無人機で偵察しても、よく分からない。

それだったら、精密照準ロケット弾を使わなくともよい。どうしてもその都市を砲撃しなくてはならないなら、高性能炸薬をぎっしりと詰めた単弾頭の、しかも終末誘導機能など付かない、精度のよくない廉価版のロケット弾や臼砲（きゅうほう）やカノン砲を発射するのが、適当であった。都市は広いから「外れ」も、あり得ないのである。

だが、「開戦から数日で勝つ」という最上層部の甘い前提にもとづいて編成されていた第一波の露軍侵攻部隊は、そんな冗長性の高い旧式装備品をわざわざ帯同してはいなかったのであろう。

選択の余地がないので、しかたなく、高価な「スメルチ」をぜんぶ、都市に叩き込んでしまった。すくなくとも、政治将校に対しては、これで司令官は「命令を果たした」との

被弾したハルキウ市市街。この破壊状況はクラスター弾とは関係がない。
（写真／アマナイメージズ）

申し開きが立つ。しかしとうぜん、ウクライナ軍にはほとんどダメージを与えない。

そもそもクラスター弾の子弾は、野外に暴露している敵歩兵を殺傷するようにできているので、爆発威力そのものは小さくて、普通の集合住宅のコンクリートの天井や壁で、破片（鉄のペレット）が阻止されてしまう。偶然通りかかった歩行者は手足切断等の毀害（きがい）を蒙るが、その不幸な犠牲者を除くと、せいぜいガラスを割るくらいの破壊しか、都市そのものには与えられないのだ。

都市の破壊が「手段」から「目的」に変質してしまう

すぐに露軍は、市街地に立て籠もる頑敵

を駆逐するためには、その都市を全壊させるしかない、と結論する。これは、1994年の第一次チェチェン紛争で、グロズヌイ市街に強引に突入して、ビル上階に潜んだ敵歩兵のRPG（対戦車ロケット擲弾）のために数百両のAFV（装甲戦闘車両）を破壊された苦い経験から得た、骨法であった。シリアへの軍事介入（アサド政権を支えるため、2015年から少数の地上部隊と軍用機をローテーションで派遣中）でも、それに磨きがかかっている。

かつて米軍は、イラクのモスル市から1万人弱の「IS」戦闘員を追い出すのに、同盟軍も合わせた10万人で9カ月間も攻囲する必要があった。2016年のことだ。人道的に、住民を巻き添えにしないように気をつけながら都市を攻略すれば、コンクリート建物はすべて敵の「トーチカ」として残り続けるから、都市内で防御する側（IS）が、すこぶる有利であった。

ところがロシア軍は人道的な戦争をする必要がないのだ。すなわち、敵性部隊が利用している都市は、都市まるごと敵なのであり、堂々と破壊対象にして、非誘導爆弾を遠慮なく投下し、住民とゲリラをもろともに吹き飛ばすのみ。

特に、戦車砲から「榴弾」を発射すると、鉄筋コンクリート造りの集合住宅もたやすく

「T-72」系の整備済みの主力戦車も涸渇しつつあるらしい露軍は５月に前世代の「T-62」系戦車を引っ張り出してきた。これは、建物破壊のための「自走砲」にするためかと疑われる。古い115mm戦車砲弾の榴弾タイプの炸薬量は3.13kgで、最新の125mm戦車砲弾の炸薬3.40kgとくらべて遜色がないのだ。潤沢な砲弾の在庫資産を活かすべく、適合するプラットフォームを持ち出すのだろう。（写真／Defense Express）

崩壊させることができるのである。

元米陸軍の《市街戦の専門家》がネット上に公開しているマニュアルがある。それによれば、戦車は大仰角で主砲を駆使できないので、都市の防御部隊は、頑丈な鉄筋コンクリートビルのできるだけ上の階から、侵攻軍の戦車を眼下に見下ろすようにして反撃するのが有利だ——等と推奨してある。

ウクライナの荒廃した市街区の跡をSNSで見る限りでは、このアドバイスはロシア軍相手には非現実的であったようだ。露軍は、疑わしいアパートを見かけたら、じゅうぶんに遠い間合いから容赦なく戦車砲を撃ち込むので、防衛軍の歩兵はとうてい、その建物の中になど、いたたまれない。

戦車が相手ではたいがいの鉄筋コンクリート建物の地上階はトーチカ代わりにはならない――と、今次戦争が立証したように見える。

台湾が中共軍に《Z侵略》される前にこれが分かったことは、台湾人にとって貴重な参考情報となるだろう。

「憎しみ」が託される対都市ミサイル攻撃

世界初の実用巡航ミサイル「V－1」号の「V」は、ドイツ語で「報復兵器」の頭文字だった。

第二次大戦前に、長距離重爆撃機の開発に熱心ではなかったドイツは、英国の基地から米英空軍機による大規模な対都市空襲を受けるようになると、同じ方法でやり返すことが難しいと覚らされた。

そこで、巡航ミサイル「V－1」と、弾道ミサイル「V－2」が開発され、量産された。「V－1」は自動車用の低質ガソリン、「V－2」はエタノールを燃料とすることは、非産油国のドイツにおあつらえ向きだった。

「V－1」も「V－2」も、第二次大戦当時として破格の長射程を実現していた。しかし、それには高い命中精度は伴っていなかった。ために、ドイツとしては、英国の都市――すなわち「面」の目標――に向けて欧州大陸から腰だめで発射するしか、用法はなかった。

このドイツの「V－2」を、戦後のソ連が国産化し、精度を高めたのが「スカッド」シリーズである。

1980年9月、サダム・フセイン治下のイラクと、ホメイニ体制下のイランは、国境線の河川の利権をめぐって戦争状態に入った。どちらも「スカッド」から発達させた地対地ミサイルを、めいめいに改良／生産／調達しては、それを相手の都市に向けて発射しまくった。

スンニ派が支配していたフセイン政体と、シーア派のイランとは、宗教感情の上でも相手を排斥し合っている。

そのような2陣営による《対都市ミサイル投げあい戦争》が、イラクとイランの間で、1988年の8月までじつに9年間弱も続いた。おかげでひとつ分かったことがある。

どちらの国民も、都市をミサイル空襲されて破壊されただけでは敵愾心（てきがいしん）が萎えることはなく、むしろますます敵を憎む。これは、第二次大戦中の英国においてすでに観察されていたパターンだが、本格的なミサイル時代に、あらためてそれが確認されたのである。

レーニンは「階級」によって敵と味方を分けていた。成功した革命家の唱えた路線を遵守するなら、プーチンのロシアが、ウクライナ人の敵愾心をわざわざ買うような「都市無差別砲爆撃」を敢えてするのは、戦争を長引かせるだけの、戦略的な下策でしかないように見える。なぜ、そんなことをするのだろう?

この謎を、旧ソ連圏内の少数民族、殊にタタール系に詳しい気鋭の研究者のカミル・ガリーフ氏が、ツイッター連投によって解いてくれている。帝政ロシア時代の19世紀から、ロシア人はウクライナ人を憎み、蔑んですらいたのだ（Kamil Galeev 記者による2022年4月19日投稿「War of memes: why Z-war won't end with peace」を参照。兵頭二十八のブログにはその摘録紹介あり）。

レーニンとは違ってヒトラーは「民族・人種」によって敵と味方を分けたものだったが、まさにロシア人にも同じ下地があった。レーニンはなんとかそれを隠す戦略を採ったけれども、スターリン時代から再び「地」が剝きだしに……。ついにプーチンに至っては、もはやそれを隠す気すらないのだろう。

敵対国の都市のいたずらな破壊は、侵略リーダーの虚栄心を満足させる。戦略的には、

3月19日に東部のハルキウ市内の中層アパートに投下され、屋上を貫通したものの不発となっていたロシア空軍の500kg 投下爆弾「FAB-500」。内蔵炸薬量は300kg である。6月に爆弾処理班がクレーン車を使って撤去した。アムネスティ・インターナショナルの調査報告によれば、ハルキウ市に対しては4月末までに7回のクラスター弾攻撃も意図的に繰り返された。(写真／ウクライナ国家非常事態省)

敵国内を一致結束させてしまうことになって、逆効果だ。戦術的には、敵の部隊や弾薬貯蔵所やインフラをこそ打撃させるべき、貴重なミサイル・ロケット弾・砲弾の、無駄使いである。

が、そんなことよりも、侵略リーダーの気持ちがよくなることが、効能として圧倒的に大きい。

だから、始め出したら、もう止められない。軍事的な合理性を超越して、政治的な原始本能から、それを、自制できない。

間違いなく、北京が台北を屈服させようとするときにも、台湾全土の都市の破壊が、伴わずにはいないであろう。それは軍事的には合理的でない。しかし、《天には太陽は一つしかない》＝《二つの政治指導者は並び立たず、必ずどちらかが支配者、どちらかが屈従者でなくてはおさまらない》と考える儒教圏では、ライバル国の都市が破壊されて「瓦礫が原」と化すありさまを見ることこそ、大いに溜飲が下がるはずである。

都市はミサイルを吸収する。敵軍が橋頭堡を確保するよりはマシ

2014年以降、ウクライナはロシア領土内の都市を無闇に砲撃したり空襲したりすることが、政治的に難しかった。

挑発によらない侵略戦争を一方的に仕掛けられたウクライナには、反撃空爆などの手段を行使する「自衛の権利」がとうぜんにある。しかしその挙に出れば、「コラテラル・ダメージ」（住民の巻き添え被害）にことのほか敏感な米国の政府が、ウクライナを表立っては応援し難くなってしまう。ウクライナ政府にとっては、そのマイナスの影響が、自国にとって致命的になり得ると考えられたであろう。

台湾軍は国産の超音速巡航ミサイル「雄昇」の射程を延伸した最新型を22年から量産するという。そのレンジは、北京までは届かない1200km であると公表されていたのだが、今は届くようになったようだ。（写真／中華民国政府）

台湾有事にさいしては、このような遠慮は、台湾側には必要がないであろう。

ウクライナと違い、台湾は、本土の大都市を砲爆撃されたら、すぐに北京を含む大陸の諸都市を報復攻撃できる。その手段もあるのだ。

たとえば１９９６年の台湾海峡危機を契機に開発がスタートし、２０１９年から量産されている「雲峰」という超音速の巡航ミサイルだ。10輪トラックから発射すると、ラムジェットエンジンに点火して、秒速１０３０ｍで飛翔し、北京までも届く射程がすでにあるという。

２０２２年6月には、台湾の立法院院長が、このミサイルで北京を報復攻撃できることを、海外向けのネット放送で公言した。

儒教圏人の争いとして、一方が政治上の対等の敵から面子（メンツ）を潰されたままで、引っ込んでい

G7サミットとNATO首脳会議にあわせるようにプーチンは、2022年6月24日から28日にかけ、長射程ミサイル131発を乱射させた。写真は、買い物客でにぎわう大型モールに着弾寸前の、巨大で旧式な空対艦ミサイル「Kh-22」。（写真／ウクライナ国防省）

ることなどできない。中共による台湾侵略は、かならずや、台湾の都市破壊をもたらし、かならずや台湾による北京の報復破壊にエスカレートするであろう。

いったん互いに都市攻撃をするようになったら、もはやそれは止まらない。特に中共指導部は、発射できるミサイルがある限り、それを台湾の都市に撃ち込んでしまうだろう。

これは、対地攻撃に使えるミサイルの準備量で圧倒的に劣っている台湾側としては、むしろ好都合ななりゆきである。

というのは、中共が軍事的な理性を発揮して、地対地ミサイルを、台湾の電力インフラや航空基地に対してだけ執拗に指向しつづけた場合、台湾空軍の活動は物理的に封じられてしまうおそれがある。そうなったら中共軍は楽々と台湾海峡上の制空権を握り、大型貨物船を好きなだけ着達させせられるかもしれない。

しかし、ウクライナと違い台湾はすぐに北京を報復空襲できる。そうなると面子の争いになり、北京指導部は台湾の全都市をガレキ化する「破壊のための破壊」に熱中する流れができる。飛行場攻撃のために投入される戦争資源は希薄化するだろう。ウクライナの都市をみるかぎりでは、現代の都市は、通常弾頭のミサイルを無限に吸収してしまえる。

２０２２年の6月中旬までにロシアは戦域射程の地対地ミサイルと、対地用の巡航ミサイルを１１００発～２１００発も消費したと見られている。

台湾の諸都市のミサイル吸収力は、ウクライナの主要都市に負けていない。おそらく、２０００発でも４０００発でも、ほぼ無尽蔵に中共のミサイルを受け止めるだろう。しかも、ウクライナで見られた現象と同じく、ミサイル攻撃を受けたことによって台湾人の士気は低下しない。ますます中共に反発して団結が強まるだけなのだ。

台湾には大量の砲弾を揚陸できない。だから6月のドンバス戦区のようなことにはならない

冷戦時代のわが国の北海道防衛についてもこれは言えたことなのだが、侵略軍の「策源」と上陸先の陸地とのあいだに海が介在するせいで、先の大戦中の米軍のような無尽蔵の輸送船団を用意できない侵略軍は、上陸した先で「無尽蔵の砲撃」もできないことになるのである。

もし露軍から「砲兵の威力」をとりのぞいてしまえば、露軍の、ほんらいの取り柄は、消えてしまう。

2010年代以降のロシアには、国内で「予備役」兵を市井から何十万人も充員招集することもできない。戦前の日本陸軍が、まえもって準備できる馬とトラックと砲弾の数的な限界によって、大陸に派兵できる総兵力の天井を制限されてしまっていたように、人とテッポウばかりを最前線に送っても、それは現代の「戦力」にはなってくれない。もしそんな根こそぎの動員を強行すれば、軍隊内の「用武器反乱」を誘発させるおそれすらあって、政策的にも不可能なのだ。

中共軍による台湾侵攻でも、事情は似たようなもの。海を挟んだ戦場へ、無尽蔵の砲弾を、接壌戦場のような感覚で推進補給しつづけることは、今日のどの軍隊にも不可能である。

そしてその前に、その砲弾を発射する「大砲」を彼岸へ持ち込むという難事業がある。侵略の初盤には、大砲や戦車にもまして、大量の歩兵を空輸することを急がねばならず、それだけでも輸送手段はたちまち足りなくなるのだ。

もし、中共軍の輸送部隊が超人的な活躍を見せ、台湾に大砲とともに上陸した中共軍部隊が、多数の砲弾を発射できる手段を得られたとしても、その砲弾を間断なく後方（本土）から推進補給できなければ、砲撃には「中休み」ができてしまう。そのあいだに防御国の軍隊は築城工事したり兵力を補強したりできるだろう。

台湾軍が、開戦から数日間、空挺堡や橋頭堡を侵略軍に確保させなければ、米軍の空からの介入が、後続せんとする、弾薬を満載した中共の輸送船や輸送機の、台湾本島への接近を阻んでくれる可能性は高い。

そうなれば、第一波で降着した敵挺進部隊には、今次ウクライナ戦争の劈頭にホストメル空港に突入成功した露軍の先遣部隊と同じ運命（全滅）が待つのみだ。

22年3月の露軍の敗残兵たちは、住民のトラックを奪って、キーウからベラルーシに続く幹線道路を退却することができた。が、台湾から福建省までつながった陸路は無い。敵の第一波は、最後は全員、投降するしかなくなるだろう（投降した中共軍将兵の運命がどうなるかは、前著『亡びゆく中国の最期の悪あがきから日本をどう防衛するか』に書いておいた）。

台湾本島に上陸した中共軍が、22年のドンバス戦区のロシア軍並の弾薬補給が得られないのならば、ホームグラウンドで迎え撃つ台湾陸軍には、じゅうぶんな勝機があるだろう。

米国は長射程ミサイルの供与は渋るので、自前で用意するしかない

22年6月以前、ウクライナの東部戦区に露軍が押し出していたとき、はたしてバイデン政権は、米国製の227ミリのロケット弾（最新バージョンは射程85km）に加えて、胴径610ミリの地対地ミサイル「ATACMS」（射程300km）も供与するつもりなのかどうかが、注目された。

HIMARSはロケット弾なのだが、旧来の地対地弾道ミサイルより低い抛物軌道を高速で飛翔するため、ロシア軍は高性能地対空ミサイル「S-400」でも迎撃ができないという。（写真／ウィキメディアコモンズ）

この2つの兵器は、発射車両の「HIMARS」を共用することができる（227ミリならば6連装だが、ATACMSなら単装となる）。プラットフォームの外見を同一にすることで、衛星写真でATACMSの動静を見切られない工夫がしてあるのだ。

けっきょく、バイデン政権は、ロシア国境の向こうまで簡単に打撃することができるATACMSを、条約上の同盟国でもないウクライナに軽々しく供与することは、将来のためによくないと判断し、ウクライナのゼレンスキー大統領がいくら懇請しても、227ミリのロケット弾までしかウクライナには供与をしないという立場を明確に世界に向けてアナウンスした。世界秩序に責任を感ずる米国政府としては、これは理解できる自制だろう。

おそらく台湾軍も、中共軍に攻め込まれた暁には、ＨＩＭＡＲＳと２２７ミリ・ロケット弾は米国からすぐに供給してもらえるであろう。

しかし、台湾本島の南北の長さは４００㎞ある。南部に展開したＨＩＭＡＲＳには、北部の飛行場が火制できないし、北部に展開したＨＩＭＡＲＳには、南部の空挺堡が火制できない。中央部に展開したＨＩＭＡＲＳには、島の南端も北端もカバーすることはできない。

できれば、イスラエル製の「ＬＯＲＡ」のような、射程４００㎞級の地対地ミサイルを、台湾軍は今のうちから整備しておかないと、中共軍が攻め込んできたときに、ホゾを噛むことになるだろう。

米国が台湾にＡＴＡＣＭＳを供与するのは、ウクライナと同じ理由で、難しい。台湾海峡は、彼岸までの距離が１８０㎞くらいしかない（最短部は１３０㎞）。米国としては、台湾に射程３００㎞のミサイルを渡して、台湾を代理人にして中国本土を攻撃させているか

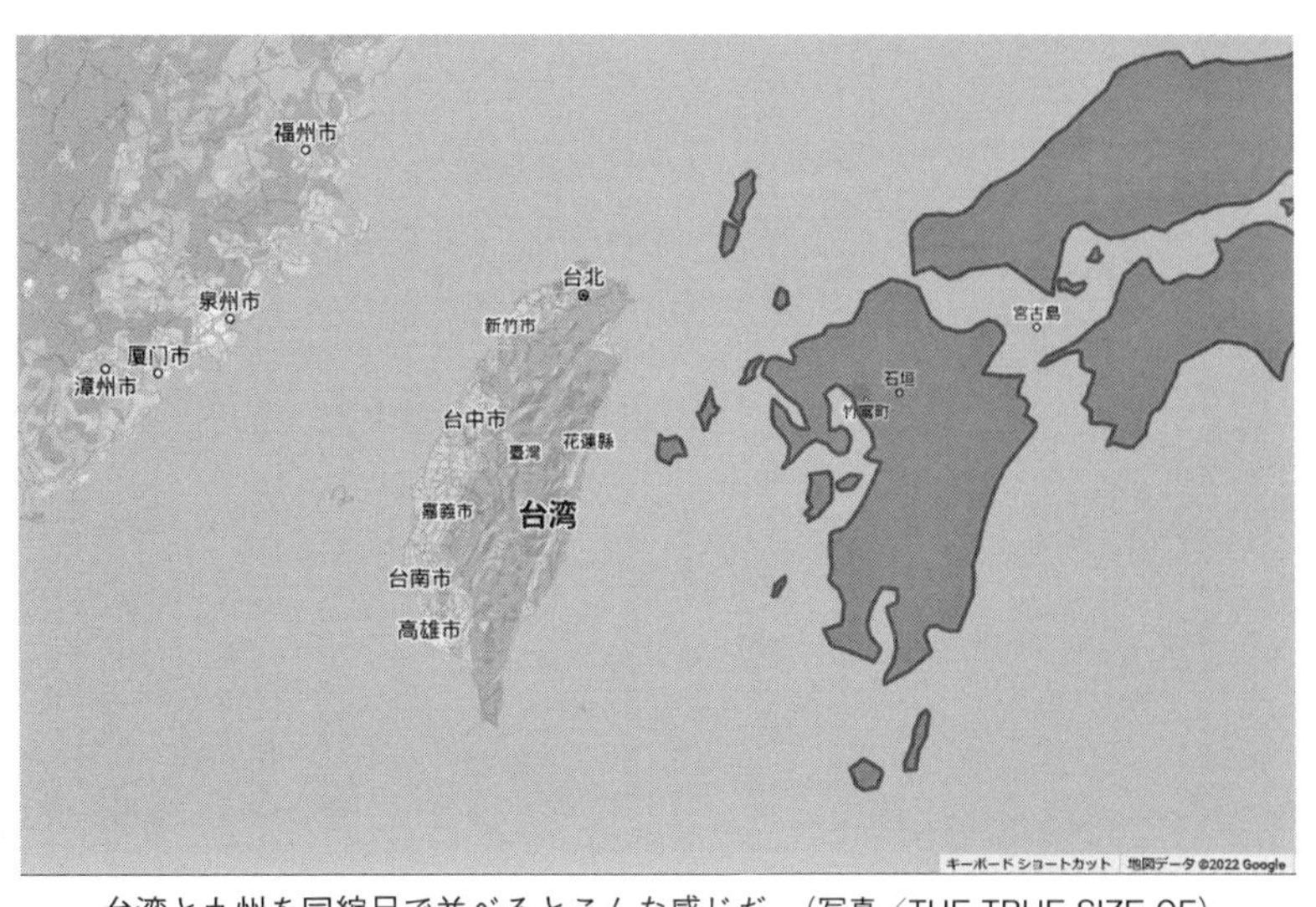

台湾と九州を同縮尺で並べるとこんな感じだ。（写真／THE TRUE SIZE OF）

のような構図が生ずることを、嫌う理由がある。

せいぜいが、射程１２０㎞級の、地上発射式対艦ミサイル「ハープーン」までしか、射程の長いミサイルは、米国から供与してもらえないだろう。


台湾本島の平面形を見るに、東西の陸地の幅が１５０㎞に達しているところはどこにもない。

それゆえ、台湾軍が、射程４００㎞級の地対地ミサイルと、射程１５０㎞級の地対地ミサイルを自前で調達し、それを東寄りの山岳地帯のトンネル内に広く分散配備しておいたなら、敵は、どこに橋頭堡や空挺堡を確保しようとしても、初動からいきなり大火力の反撃を受け、それが止むことはないと予期するしかない。

台湾を侵略したいと思っている敵国の参謀本

部としたら、これは払拭することの不可能な悪夢である。作戦を立てている段階で、必勝の信念がしぼんで行くだろう。

兵器の整備によって、「伐謀」（敵のはかりごとが、成立できないようにしてやること）ができてしまうのなら、それに優る安上がりな国防投資など、ないはずである。

台湾の工業界には、長射程ロケットの開発経験は不足しているかもしれない。が、巡航ミサイルはすでに国産できているし、自爆型無人機も、いつでも完成できるだろう。大急ぎの優先事業として、この2種類の射程の地対地攻撃手段を取得し、極力、蓄積に努めるべきではないかと愚考する。

対艦ミサイルが涸渇する？

22年4月下旬、米国は、ストックしていた対戦車ミサイル「ジャヴェリン」の三分の一をウクライナ軍に与えてしまって、これ以上はそろそろマズいと思うに至った。

6月には、ウクライナ兵が「1カ月で500発」の対戦車ミサイルを発射しているという話も聞こえてきた。もしもそんな調子で精密誘導兵器が減って行く消耗戦争が長期化したら、どんな大国の補給力も、支えられはしない。特に、歩兵が携行可能な対戦車兵器の頂点に立つ性能の「ジャヴェリン」は、１発が17万ドルから24万ドルもするのである。

朝鮮戦争中に米国が日本の工場で砲弾を大至急に大量生産させたようなことは、今日では、不可能だ。

精密弾薬類の製造ラインには、戦時の特需に急に応ずることのできるような「弾撥性」が無い。

もしユーザーが事前集積分を消費してしまったなら、そのあとの補給は続いて来ない。「生産ラインの再立ち上げは、早くて2年後」、などという現実のネックに直面してしまう（スティンガー・ミサイルに関する実話）。

21世紀の戦争は、「高額弾薬消費戦争」の様相を呈することは、疑いもなくなった。台湾をめぐる戦争も、きっとそうなるであろう。

２０１１年のＮＡＴＯによるリビア干渉作戦では、群衆を「人間の盾」とするゲリラだけを精密に打撃しようとするあまり、普通の爆弾やロケット弾によっても破壊ができる機関銃座のようなものに対してもいちいちＮＡＴＯ軍の空対地精密誘導兵器が使用された。たちまち、英仏軍のそうした兵装の貯蔵は、涸渇に直面している。

2015年には、同じような理由で「MQ-9リーパー」からヘルファイア・ミサイルをISの自動車やアジトその他に向けて発射しまくり、やはり米空軍のミサイル在庫が空になりそうになった。

台湾をめぐる米支戦争では、対艦ミサイルの消費量が、おそろしいオーダーとなるはずだ。

戦場は南シナ海が中心だろうし、撃沈しなければならない中国船は、動員されて作戦に組み込まれている民間フェリーやトロール漁船まで数えたら、いったい何百隻になるのか知れない。

それに対して、米軍の航空機から発射する予定の、1発が150万ドルという「JASSM-ER」や、396万ドルという「LRASM」のような先進的な対艦ミサイルが、今次ウクライナ戦争での対戦車ミサイルのように濫費されるとしたら……？

対戦車ミサイルの10倍以上の値段がつく対艦ミサイルは、対戦車ミサイル以上に、急速増産はむずかしい。敵もとうぜん、そこを計算して、米軍の持っている高額で高性能な戦術ミサイルを早く無駄使いさせようと、巧みに誘ってくるはずだ。

この術中に陥らぬためには、どんな善い方策があるだろうか？

考えられるのは、ある用途の兵装を、さいしょから「高グレード」のものと「低グレード」のもの、２本建てで揃えておくことだろう。

たとえば今次ウクライナ戦争では、ウクライナで国産した1発数百万円くらいの対戦車ミサイルが、ロシア軍の一線級の戦車を、難なく撃破できている。４月に黒海で巡洋艦『モスクワ』を撃沈した、ウクライナ製の地対艦ミサイル「ネプチューン」も、おそらく昔の「ハープーン」並の、低廉な価格帯で調達したものだろう。

こういう「低グレード」ながら満足すべき機能を発揮してくれる兵装を、戦争が長期化（消耗戦化）したときの保険的な備えとして、大量にストックしておくか、あるいは、海外の複数の友好国が常時、その生産ラインを維持してくれるように、分散的にちびちびと発注し、購入し続けるのだ。

そのような「基本準備」を分厚く整えた上に、「高グレード」の兵装を「極め撃ち」用として自軍の装備に上乗せしているのなら、幾分は安心だろう。

大都市は住民の地下避難路を平時から多重に用意すること

ウクライナ南部のマリウポリ市には、広大なアゾフスターリ鉄工所の地下に、1960年代に準備されたという大規模な核シェルター（地下坑道網）があった。だが、そこに退避した市民もウクライナ軍将兵も、露軍の重囲下で長期持久することはできず、5月下旬に開城・投降するしかなくなった（7月にはその捕虜のうち50人が拷問の末、皆殺しにされた模様）。

同様、東部のセヴェロドネツク市にも、アゾト化学工場の敷地内に本格的な公共地下壕があったようだけれども、市民たちはいつまでもそこにとどまることができず、5月下旬に露軍の保護を求めて、避難所を明け渡している。

これらの地中施設は、露軍の猛砲撃（たとえばアゾフスターリには240ミリ臼砲＝攻城砲まで撃ち込まれている）こそよく凌いでくれたが、数百人の老幼の避難者を無期限に収容するのは、精神的に無理なのであった。

たいがいの地下シェルターには、簡易な施療室が付随しているのみで、常備の医薬品はすぐになくなってしまう。あらたな怪我人や病人がそこで発生した場合、満足な治療ができない。自家発電機の燃料にしても、何カ月分も蓄えられてはいない。

得られた教訓は貴重だろう。

22年のウクライナのような侵略被災が将来懸念されている台湾のすべての主要都市部に、住民をミサイル空襲下であろうとも随時に任意の方角へ避難させられるような、網の目状の「地下回廊」が、安全保障インフラとして備わっている必要があるのだ。

この地下避難路は、遠く、都市のはるか郊外や、海際までも、通じていなくてはならない。さもないとあのマリウポリ市の住民たちのように、どこにも逃げ場がなくなり、守備部隊とともに地下壕内で果てしもなく逼塞(ひっそく)し続けることになる。それでは守備部隊の持久戦構想も制約されてしまい、敵軍を利してしまう。

一箇所のスペースに、袋のネズミのように多数の人々を詰め込むのではなく、細長いトンネル状のネットワークに、都市からの脱出路としての機能を十全に与えている術工例として参考となるのは、フィンランドの首都ヘルシンキ市の坑道網だろう。1980年代から構築され始め、もしソ連が核攻撃してきた場合には、全住民が地下でしばらく暮らせるよう、商店街や、文化活動施設まで、ひととおり揃っているが、基本的には「脱出回廊」だ。地下空間に、水泳のできるプールもあり、それらは非常時には避難者の飲料水源にされる。

トンネル総延長は2021年時点で200マイル近いという。

平時には、たとえば冬、積雪になやまされることなしに、地下街を歩いて首都のどこにでも到達できるという便益を市民に対して提供している。駐車場も、もちろん地下に整備されているのだ。

さしずめ台湾の大都市ならば、炎天の直射日光を避けて移動するのに、地下回廊は好適であろう。

だがマリウポリ市やセヴェロドネツク市がわれわれに遺した教訓を汲むならば、敵の地上軍が町の周囲を取り囲んで「兵糧攻め」を開始する前に、市民はその町を遠く逃れ去った方がよい。

敵の砲撃によって負傷した人が逃げ込んできても、重囲下の地下壕では、まともな救済は困難だからである。

脱出用の地中通路は、市街からできるだけ多方向へ長く延びていることが望まれる。さすれば核攻撃があったときは、その放射性降下物をかぶらない風上へ移動しやすい。地上部隊が侵攻してきたときも、必ずどこかに脱出方向がみいだされる。

フィンランド政府の構想では、ヘルシンキ市から、対岸にあるエストニアのタリン市まで、海底を結ぶ地下トンネルをつなげようという土木事業も提案されているという。

このフィンランドほどに本格的にしなくとも、市民の地下脱出路は平時から多重に用意することはできる。

たとえば、水道管や送電線、通信線の地下共同溝に、保守点検用の狭い廊下のような通路を付随させておいただけでも、核攻撃が行なわれたような究極非常事態時の住民の地下避難路としては、一定の機能が期待できるだろう。

大都市であればあるほど、その住民の避難オプションもまた重層的でなくてはならない。下水道や排水路にも、究極非常事態時には住民がその内部を歩いて移動できるような、臨時通路的な仮設道が、ふだんから備わっていることが、より多くの人命を救うことにつながるはずである。

これと、蛸の足のように延伸した地下鉄道や地下高速道が組み合わさることで、戦時の都市住民の避難オプションは、多岐化するだろう。

都市は「不燃化」はできても、「耐爆化」は難しい

先の大戦中のわが国の諸都市のように、比較的少量の焼夷弾の空襲によって一夜にして焼け野ヶ原となってしまったような「類焼・延焼」型の戦災は、さすがに2022年の不燃化されたウクライナの都市では観察されていない。

そのかわり、侵略軍による意図的な砲爆撃は、鉄筋コンクリート造りの中高層集合住宅をも、短時間のうちに、人が居住するに堪えないレベルにまで破壊できるという証拠が、いたるところで示されている。

《Z侵略》の下手人たちは、現代の都市街区を、時間をかけて瓦礫の山と化すのだ。

今日、原発防空用の「フラックタワー」(高射砲座付きの耐爆高塔)や軍事施設ならばともかく、アパートや戸建住宅、文化施設や公共のビルといった市井の建築物を、有事の意図的な空襲や砲撃にもじゅうぶんに抗堪できるほどの頑丈なものに造っておこうと考える

のは、あまり現実的ではないだろう。

大都市のビル群の地上部分はすべて、敵のミサイルや砲弾の「吸収材」となって壊されることを、政府は国防上、織り込んでおく。これはもうウクライナの諸都市の戦災風景を見る限り、他に選べるコースは与えられていないのだと思われる。

その代わり、住民は全員、無事に避難させる。そのためには、せめてビルの地下の共用部分の安全性を高めておくという発想が、専制主義大国の周辺国の建築行政には、ぜったいに求められるはずだ。

地下部分が避難所となる公共建物は、その2階部分の床をさいしょから頑丈に造ること

ウクライナの学校や文化施設、自治体役場等のビルには地下施設が付属している。今次戦争では、市街地に対する意図的な砲爆撃が続くあいだ、老幼の残留住民が、そうした公共ビルの地下階を避難所に使っている。

対するロシア軍は、そうした民間避難所の位置を確認するや、ますますそこに狙いを定めて、終末誘導機能付きの地対地ロケット弾などを執拗に撃ち込む戦法を採る。

このためウクライナ住民は、公共ビルの2階と3階の床に土嚢などを敷き詰めることで、避難所空間の耐弾性をいささかなりと強化しようと図るようになった。


教訓は明らかであろう。

公共ビルの2階部分のみ、平時から、床、天井、柱、壁などの構造を特に強化しておくのが安全だ。この手間をかけることが弱者住民の保護に直結する。

そのために2階のスペースとしての使い勝手が、多少、悪くなったとしても、非常災害時の安全には換えられない。思い切って2階部分はさいしょから、機械室・物置・プールなどにしておくのも良策だろう。


病院や官公署のビルには、「地階」部分が地上部分と同じくらいはないとよくないという教訓も、ウクライナの都市破壊の景況からは、あらためて、得られた。

台湾の都市病院や各自治体役場は、いきなり総改築は無理でも、たとえば「地下駐車場」を増設整備することによって、近未来のミサイル攻撃に対する抗堪性を増すことができる。

またそうした公共建物の地下部分には「清浄な上水」が、常に大量に貯蔵されていることの死活的な重要性も、いくら強調してもしすぎることはない。地下鉄駅についても、同様だ。

クラスター弾は、漫然と都市に落としても深刻な破壊効果を発揮しないが、ひとたび、避難を急ぐ住民で混雑していた地上の鉄道駅に落下させるや、圧倒的な殺傷威力を示した。22年4月8日早朝、ウクライナ東部ドネツク州にあるクラマトルスクという鉄道駅に集まっていた避難民の頭上に、ロシア軍がクラスター弾頭の地対地ミサイルを撃ち込み、子ども5人を含む50人以上が死亡したケースだ。

残骸のミサイル側面には「これは子どもらへの贈りもの」という意味のキリル文字も認められたそうである。

《Z侵略》を予期する国は、「クラスター弾」対策として、鉄道駅をなるべく地下化するしかないだろう。

すべての旅客用の鉄道駅は、地下化、もしくは、駅ビル内に完全に包摂するのが望ましい。

台湾有事では被災住民の「暑熱」対策が必要になる

プーチンが対ウクライナの全面侵略戦争を、前年（21年）の秋口に発起させなかったのは、よほど相手を舐めていたのだろう。

西欧の天然ガス需要がこれから冬のピークにさしかかるという晩秋に戦争をスタートした方が、「ガスを止めてもいいのか?」という脅かしがより強く、NATO諸国政府に対して響いたはずだった。2月下旬では、もう寒さのピークは過ぎ去っている。融雪が始まり、欧州庶民は春を待つのみの時節だった。

じっさい、融雪水が耕地を泥に変えて、装軌車両が路外に出るとスタックしてしまうという難儀も、この開戦タイミングのおかげで、ロシア兵たちにわざわざ負わせることになっている。

ウクライナとくらべて、台湾の平地に「冬」はない。台湾周辺の海象が最も平穏化するのは4月下旬から5月上旬なので、中共軍の心配性の作戦参謀ならば、春先の侵攻を考えるだろう。

げんざい、中共軍の徴兵の除隊日は7月31日だが、その前に戦争が始まっていれば、「2年兵」の除隊は無期延期される。

もし、8月以降に開戦すると、2年兵が除隊してしまって、未訓練の新兵が入営したばかりのタイミングとなるので、中共軍にとっては面白くないだろう。この理由からも、秋の開戦よりも、春の開戦の方が、好ましいと中共軍が考える可能性がある。

じっさいの開戦日が何月になろうとも、台湾有事は住民を「暑熱」が苦しめることになるだろう。電力インフラは緒戦にて破壊され、クーラーは使えなくなると考えるべきである。

ウクライナの融雪期前の冬の戦火に斃れた人畜は、腐敗の進行が遅かったが、台湾ではそうは行くまい。

ここにおいて台湾政府は、スイスの靭強な国防インフラを参考にする価値があるかもしれない。

スイスはかれこれ何十年もの国策として、町と町の間の山にできるだけトンネルを穿ち、万一、世界核戦争が始まっても、軍隊の進退と住民の避難に遺憾がないように考えてきた。そうしたトンネル内には、パン焼き施設から病院施設まで、付帯しているという。だが「シェルター」があるというだけでは、住民保護は万全にはほど遠い。

スイスの場合、地下の非常時用の諸施設を機能させるための「電力」の手当てもちゃんと考えてあるというところが、「武装中立」の国家防衛意志に迫力を添えるのだ。

この電力は、全土の山岳中の随所、上空の航空機からでは見付け難いように計算して工事された「隠蔽型の小規模水力発電所」から供給されるという。

非常時の発電というと、われわれは、ポータブルな「発動発電機」のようなエンジンを思い浮かべる。地震災害や津波災害なら、それでなんとかなりそうだろう。

しかし《Z侵略》級の国家非常事態が長期化するとき、内燃機関用のガソリンや灯油や軽油は、じきに各地で入手難に陥ることを予期しなくてはならない。

核攻撃があったような場合も、住民は、かなりの日数を、地下壕で過ごさなければならない。そのときに、安定した電力が供給され続けるかどうかは、避難住民の生存率を左右する。

さいわい、小規模な水力発電設備のための、山間僻地での水源が涸渇することは、スイスや台湾では、まず将来もないであろう。

その公共投資によって、平時の輸入エネルギー依存度も低減するから、高度国防国策として、高い優先順位を与えられるのが至当であろうと愚考する。

「インフラ破壊」に備える

22年4月の露軍は、短期でのウクライナ占領を諦め、意図的にウクライナのエネルギー・インフラを狙ってミサイルを撃ち込むようになった。これは本来なら、戦争の最初にするはずの手順だった。

電力供給網と通信網を破壊してしまえば、ただちに相手国の軍事基地機能や政府の仕事も阻害される。すなわち相手空軍の動きは鈍くなるし、相手政府は混乱させられ、「宣伝戦」の反撃も素早く打てなくなってしまう。となれば、まず、やっておくのがあたりまえの「初一手」だ。

ところが、プーチン指導部は、ウクライナ人の抗戦意志をあからさまに下算し、開戦時には、ウクライナのインフラを破壊せずに丸ごと手に入れた方が得だという欲を出したようである。

さすがにまる1カ月が経過し、戦争が短期では片付かぬと認めざるを得なくなって、ようやく露軍は、電気、ガス、液体燃料供給にかかわるインフラを狙って攻撃するようになった。すなわち4月3日、ウクライナ最大の石油精製プラントを大破させ、オデーサ港の石油受け入れ施設にもミサイルを撃ち込んで炎上させたのがその皮切りだ。

こうして、いくつかの地域で上水供給および下水処理の機能は停止し、まともな都市生活も産業も、広範囲に麻痺させられた。戦争状態が終わらない限り、復旧もむずかしいであろう。

これこそ、中距離地対地ロケット弾を潤沢に保有した軍隊による最新の侵略戦争の見本である。

ロシア軍が4月上旬の時点で、ウクライナ国内の12カ所の飛行場に断続的にミサイルを落としているのは常道に属している。１３８カ所の病院まで念入りに破壊しているのは、国際法違反に戦争犯罪も上塗りしたものである。しかし《Z侵略》では、そういうことが平然と実行されると覚悟して備える必要がある。

中共軍は台湾の全土に対して、ほぼ同じようなミサイル攻撃が可能だろう。

ロシア人の頭の中では、病院を破壊してやれば、敵国市民の抗戦の心理も挫折するとで

1970年代に登場した152mm 自走榴弾砲「2S3」は今も現役。ロケットアシスト砲弾なら24km飛ばせられる。この写真では誘導砲弾を発射できると宣伝したいようだ。通常、ロシア軍の野砲兵は、牽引砲または自走砲が6門で1個中隊を成し、それが3個中隊で、1個砲兵大隊を成している。（写真／ロシア国防省）

も期待したのだろうが、効果は逆で、ウクライナ人の敵愾心を燃え上がらせただけであった。しかし、専制中国による台湾攻撃の際にも、まちがいなく同じパターンが再演されるだろう。

　中共は台湾の対岸に、一千数百基の短距離〜中距離地対地ミサイルを並べている。

　今次ウクライナ戦争のように、飛行場、石油・ガス・電力・通信のターミナルや結節点、おまけに高層アパートや学校や病院や劇場やショッピングモールに、分散的に落下する１５００発ものミサイルを、台湾軍が阻止する方法はない。しかし同時に、都市化がす

スネーク島を砲撃するウクライナ国産の自走砲（写真／ウクライナ国防省）

西側で最軽量の牽引155mm加農砲であるM777は、イギリスで設計された。わずか4トン台と驚異的に軽い。しかしこの火器やHIMARSの真価は、デジタル通信を照準手順に組み入れ、初弾を正確に発射するまでの時間がこの上なく短いこと。おかげで、敵から撃ち返される前に、また移動してしまえる。（写真／ウクライナ陸軍）

すんでいる現代国家は、それらの地対地ミサイルを、いくらでも都市に吸収してしまうことも、ウクライナは教えてくれた。都市に着弾するミサイルは、都市住民を殺傷するが、都市住民の戦意を低下させない。それどころか、逆に侵略に抵抗しようとする心に燃料が与えられて、国民の精神的な結束が強化されるのである。

ウクライナの場合、そこが攻撃されると前々からわかっていても、予算がなくて、すべての変電施設を地下化するわけにはいかなかったわけだが、戦後の再建にさいしては、発電所も変電所も病院も劇場も駅ホームも、極力、地下化されることになるのではないか（劇場は地上がピラミッド状の立体駐車場となり、地下部分が本体で、それは「木の根」状の構成になるだろう）。

ミサイルでさんざんにぶっこわされてしまったおかげで、こういうふんぎりがつけやすくなったはずだ。

第2章

緒戦では侵略者による「空挺堡」の確保をゆるすな！

ホストメル空港の戦訓

スターリン時代のロシア軍は「スチームローラー」とあだ名された。なにしろ常備兵力が異常に大きかった。若い労働力をそんなにたくさん兵営に押し込めておけるということは、その将兵たちの代わりに経済を回して国庫を豊かにしてくれた「稼ぎ頭」が別にいたわけである。それは主に「石油輸出」だった。

ポスト冷戦時代には、世界のエネルギー需給の構造と趨勢が様変わりしてしまった。石油とガスしか売り物が無いロシア政府には、先立つものがすっかり乏しくなった。

それで、かつてのような常備現役兵力が維持できないのはむろんのこと、臨時に100万人単位の予備役兵に動員をかけることや、それにともなう精密誘導武器や車両や航空機の電子部品、スペアパーツを含む広義の「物量」を準備することも、できなくなった。やむをえずプーチンの国家指導部は、「正面押し」の戦法をさいしょから放棄して、少数精鋭の、たとえば空挺部隊に、特殊急襲作戦式の限定的な短期戦争を実行させようとする。

特殊部隊は99年以降のチェチェンでコツを摑み、2008年のジョージアと2014年のクリミアでは相手が弱すぎて大成功を収めた。だが、２０２２年にも同じようなことを繰り返せると信じたところ、こんどは相手に備えができていて、プーチンは電撃勝利のもくろみを潰された。

その最初の劇的な大敗の戦場となったのが、ホストメル空港である。

ウクライナの首都、キーウからほんの10㎞弱のところに、国有アントノフ会社が運営している「アントノフ飛行場」がある。貨物輸送機のための国際空港なのだけれども、ウクライナ空軍も同居していた。

その地名がホストメルなので、「ホストメル空港」とも呼びならわされる。

ロシア軍がウクライナを侵略するつもりであり、そのさい、この空港を開戦劈頭に「空挺堡」として占領する計画であることを察知した米国は、22年1月にウィリアム・バーンズＣＩＡ長官をウクライナへ出張させ、ロシア軍の攻撃に備えるようにアドバイスした。

そのさい、ロシアがウクライナ政府の主要メンバーを殺害する計画であることも伝えたという。

2月24日、奇襲攻撃が始まった。

まず「トチカ－U」という射程185kmの地対地ミサイルが、飛行場にあいついで着弾し始めた。

ついでドニエプル河の方から、戦闘ヘリコプター「カモフ52」の護衛下に、20機以上の輸送ヘリ「ミル8」が、ロシア軍空挺部隊を乗せて、超低空で飛来した。かけつけたウクライナ特殊部隊の一将校によると、ヘリは44機を数えたという。

プーチンが「特別軍事作戦」を命じた、と声明したのが朝の5時半。ヘリ群が空港まで達したのは朝の8時である。

旧ソ連設計の、あまり性能のよくないMANPADS（歩兵が持ち運びのできる地対空ミサイルの総称）を含む、ウクライナ兵のあらゆる火器が、ロシア軍ヘリコプターを待ち構えていて、火を噴いた。飛行場内に布陣していたのは、飛行場周辺に住所のある若者が集まった「郷土防衛軍」（第6章で詳説）だった。彼らは、ロシア空軍のジェット攻撃機も1機、撃墜した。

ある「カモフ52」は、MANPADSを数発かわしたあと、被弾し、飛行場近くの空き地に不時着するしかなくなった。乗員は、後続の攻撃部隊によって救出されることを期待して、隠れたという。

第一波で輸送ヘリから降りることができた空挺部隊員は、ウクライナ特殊部隊と郷土防衛軍による包囲攻撃を受け、翌日の第二波が到来する前に、全滅した。25日、ベラルーシ国境から南下してきた地上部隊と、新手のヘリボーン部隊が、このたびは空港の一時占領に成功する。

計画では、制圧直後の飛行場に、18機のジェット戦略輸送機「イリューシン76」が着陸して、重装備や弾薬を補給してくれる手筈であった。

しかし前日の戦闘のせいで、滑走路はとても固定翼の大型輸送機を着陸させられる状態ではなく、全機、Ｕターンを強いられた（同機の着陸には１０００ｍの滑走路がなくてはならない）。

その代わりに、ヘリコプターは２００機くらいも降着し、それに同期して地上部隊が車両ごと空港に突っ込んだという。

ウクライナ軍は、郷土防衛軍の中でも練度が高い即応旅団を中核に、大部隊で反撃した。まず空港の外側に所在したロシア軍が押され気味となり、これを見て、包囲される危険を感じた空港内の空挺部隊も退却を始めた。露兵たちは皆、近くの森の中へ逃げ隠れた。

激戦であった。ウクライナ軍に加わっていた義勇ジョージア人連隊の部隊長は、自動小銃の弾薬が尽きたため近くの乗用車に飛び乗り、逃げる露兵を轢き殺したという。

じつはウクライナ軍には、空港内での戦闘の経験があった。2014年にプーチンがドンバスの分離工作を仕掛けてきたとき、現地の「ドネツク空港」が争奪の対象となった。その5月の初戦ではウクライナが空港を守った。しかし9月に再び攻防があって、こんどは占領されている。

空港ビルには地下部分がある。両軍ともに、立体的な戦闘を組み立てる必要があった。爆薬戦となり、双方がブービートラップ（仕掛け地雷）を多用し、滑走路は、破壊されたAFVで埋まったという。

最終的に飛行場は明け渡したが、ウクライナ軍は滑走路の延長線上にある村を保持し続けた。そのおかげで、「ドネツク空港」が敵によってフル活用されることは防がれたという。

ホストメル空港については、ウクライナ軍は事前に実地を使った防御演習を済ませていた。

それで郷土防衛軍も、露軍の第二波が来る前に、塹壕を掘り、滑走路にさまざまな妨害工事もしたようだ。

２月28日には、有名になった「40マイル渋滞」が、この空港を終末点にして、できあがった。

ウクライナ軍は、多連装ロケット弾の「ＢＭ－21」（炸薬量６・４kg）で、露軍が占領中の空港ビルを射撃して攻め立てた。

ロシア軍は無線で負傷者のエバキュエーションを求めるなど、苦戦の様相を呈してきた。

３月28日の民間衛星写真では、空港内にまだロシア軍が残っているのが分かる。

しかし翌29日、ロシア国防省は、キエフ近郊から露軍は退却したと発表する。

ウクライナ軍は４月２日には、確かに空港を取り戻していた。

敵が来ると分かっている飛行場をいかにして瞬時に着陸不能の地面に変えてやるか

ホストメル空港に敵ヘリボーンの第一波が襲来する直前にかけつけることができた、ウクライナ軍の特殊部隊の隊長によると、開戦劈頭の地対地ミサイルの着弾直後から、すぐに空港周辺の道路は避難者の車両で大渋滞となってしまい、空港から離れた地点で待機していた特殊部隊は、陸路、空港へ至るのに、とても難渋したという。

やはり、敵が必ず来ると分かっている飛行場のような場所には、最初から守備兵が展開していないと、間に合わないのだと反省された。

ホストメルでは、地元出身の予備役兵を中心に編成され、地元を敵の第一波から防御する使命の「郷土防衛軍」の即応能力が端的に立証された。そのような民兵組織は、飛行場――すなわち「空挺堡」の候補地――が多い台湾でも、有用であろうと考えられる。


侵略軍が「空挺堡」を欲しがる理由は、そこに「イリューシン76」のような大型の固定翼ジェット軍用機で、装甲車や火砲、弾薬、増援兵力を次々と途切れなく空輸して、一刻も早く数的な局地優勢を地上に確立したいからである。

だから守備する側では、大型の固定翼機だけは絶対に着陸させないようにする措置を、敵のミサイルが降り注ぐ状況下で、すばやく講じなくてはいけない。

トーイング・トラクター、給水車、コンテナ・ドーリー、タラップカー、電源車、散水車、消防車……などなど、飛行場の構内には、大小の特殊作業車両が、無数に活動／待機しているものである。

中共軍による台湾本島着上陸作戦の兆候を察知したなら、台湾国防軍は、それらの車両を、滑走路と誘導路の脇に並べることができる。ついで、敵軍の作戦発起の一報から間髪を容れずに、それらを滑走路上や誘導路上に移動させることもできるだろう。

そうした準備がなされているとわかった時点で、もう「イリューシン76」のような敵の大型の固定翼ジェット軍用輸送機の機長は、「とても強行着陸などできない」、と判断するしかなくなる。この「諦め」を誘うことが最もだいじだ。

小さなブルドーザーのようなものと前輪が接触しただけでも、大型固定翼輸送機の機体には火災が生ずるおそれがある。それを消火してくれる消防車はいないのである。

主翼や尾翼の一部でも折損してしまえば、ふたたび離陸はできなくなる。中共軍の参謀本部の作戦課はそれでもいいと言うかもしれないが、大型機を預かった機長としては、機体を使い捨てしまう片道任務など冗談ではないと思うだろう。

田舎の空港で、特殊車両の数が少なければ、古い戦車（台湾には「M46」戦車が多数ある）を滑走路の真ん中に据えてもいいはずだ。

また格納庫の中で整備中の機体は、すぐには飛ばせられないコンディションなのであるから、かかる緊急非常事態時には、敵機の着陸を妨害する「大型障害物」として、むしろ滑走路の中央部に引き出しておく方がよい。

それらの機体を、防爆構造ではない整備用の格納庫内にしまいこんでおいたところで、けっきょくはクラスター爆弾や砲弾をくらって炎上し、全損する運命なのだ。

どうせ破壊されてしまうのならば、敵の空挺堡確保を徹底妨害してやる役に立てるべきであろう。

格納庫の外で炎上させることにより、格納庫構造（鉄柱や鉄桁）が高熱で長時間炙られて材質が弱くなってしまう永久損害も回避され、残骸の片付けも早くでき、戦後の施設再稼動を助けるだろう。

屈強の飛行場障碍資材としての「古タイヤ＋IED」

「彼岸の土地」を侵略・征服しようとする敵軍が、開戦劈頭に確保を狙う「空挺堡」。

その計画を「伐謀」し、実行を拒止し、作戦を画餅に帰せしめる策は、およそ三段構えで検討される。

まず、敵の兵員輸送用ヘリコプターのパイロットや、固定翼輸送機のパイロットが、遠くの上空から一目、その空港敷地を眺めたときに、「ああ、あの空港はダメだ！」と観念するような、視覚に訴える阻害手段をよく考え、その一部が平時から、敵のスパイの目につくところに用意されていること。

次に、いかなる大混乱のさなかであっても、場合によっては少人数の人力だけでも、短時間に滑走路上に障害物を並べることができる――と、敵をして信じさせるに足る、合理的な準備が実際にあること。

そして「最終ライン」は、滑走路舗装面の物理的な爆破である。これは、その手順がひとたび開始されたならば、もう止めようがないのだと、敵が思ってくれるような確実な方法でなくてはいけない。

敵のヘリコプターの降着をためらわせるのは、地面や建物の屋上に「視発式のＩＥＤ」が置き並べられていると認められるときであろう。

これには、航空機用のタイヤをできるだけ利用するのがいい。よく目立つ上に、ＩＥＤ（応用仕掛け爆弾）なのか、それともただのタイヤなのか、敵がわからなくなるからだ。

たとえば「エアバスA330」の主輪は、外径が54インチ、幅は21インチもある（航空機のタイヤはチューブレスだ）。

空港敷地内には、定期交換用の航空機用タイヤは、かならず山のようにストックされている。

空港は広い。しかし、タイヤは、人力で押し転がせば、どこまでも転がって行く。

携帯電話を利用するリモコン無線で起爆させる視発式IEDに仕立てる場合には、そのタイヤに小旗を立てる。その支柱が、受信アンテナだ。小旗には番号を表記する。敵のヘリコプターが降着しようとしたときに、最も近いIEDを選んで起爆させることができる。

IEDではない古タイヤを適当に置き並べて、テルミット手榴弾で炎上させれば、長時間、黒煙をたなびかせて敵パイロットの視底を悪くする。

滑走路上やその脇で大きなタイヤが燃えていて、そのうちいくつかはIEDだと分かっているのに、誰がそこに着陸を試みたいだろうか？

従来型の対戦車地雷をすぐに埋設できない舗装道路を、いかにして通過不能にしてやるか

万一、中共軍に「空挺堡」の確保をゆるしてしまったら、次に防御軍が考えるべきことは何か？

その空挺堡と海岸との間の陸上連絡を確立させないことである。

場所により、道路や橋を破壊してしまうのが有利なこともあれば、臨時の地雷を仕掛けるのが有利なこともあるだろう。

冷戦期の西欧諸国や韓国では、敵軍の侵攻路となりそうな主要な道路や橋などに、あらかじめ、爆薬を仕掛けるための穴などを、準備してあった。もちろん平時には蓋でふさいでおくのだ。

いよいよ本当に敵軍が進撃してきたとなったら、味方の工兵隊がその蓋を外す。すると、スペースがあらわれるので、その中に爆薬を充塡して、点火すれば、橋はただちに崩壊し、切通しは土砂とガレキでうずまり、道路はクレーターだらけとなる。そんな算段であった。

そうなると敵軍もしかたなく、不便な路外機動や、遠回りの細道をノロノロと進む以外

に、なくなるわけである。

スウェーデンでは、港湾の爆破準備が特に念入りになされているという。

これには周到な計算が必要だ。

というのは、無闇に発破の威力を大きくしてしまうと、コンクリートが細かな瓦礫になってしまう。それでは、上陸してくる敵軍にとって、何の障碍でもなくなるのだ。大きなブロックがゴロゴロしているという地形を人工的につくりだしてやらなければならない。それにはどうすればいいか、あらかじめ念を入れて計算した上で「発破穴」を設けてあるという。

スイスは、第二次大戦の前は、アルプス山地に後退してゲリラ戦をすればいいと思っていたのだったが、冷戦期に入ってその方針を改めた。できるだけ国境ぎわで敵を食い止めることにしたのだ。もちろん対ソ戦を念頭した。

スイスが国境付近の橋梁や鉄道に、爆破のための事前準備を整えたのは、この冷戦期であった。

国境の橋梁は、工兵隊が設計した。そして、まったく同じ鉄橋を実際に爆破してみて、

フィンランドが援助した対戦車地雷PM-87。外殻はプラスチックで、振動を感じると磁気センサーのスイッチが入り、その上を通過する車両の磁気がロシア戦車らしければ起爆。まず覆土を火薬で跳ね飛ばし、ついで自己鍛造弾を真上に発射する。いろいろと優れた製品だが、舗装道路ではこのタイプは実用的でない。(写真/パブリックドメイン)

どのような爆破方法がいちばん効果的かを、スイス工兵隊が把握するようにした。

国境近くの山間縦貫道路の場合、路面の爆破ではなく、「人工土砂崩れ」によって道路を上から埋めてしまう方法が選好された(その理由を想像すると、戦後の復旧工事が比較的に簡単なのだろう)。そのためには高い稜線上に発破の事前準備を整えておく必要があった。

公表されただけでも、こうした「自主爆破ポイント」がスイス国内に3000カ所以上もあった。

ウクライナのような平坦な土地柄では、重要幹線道路の舗装の下に、発破用の小空間を平時から点々としつらえておくしかなかったであろう。そしてその準備コストは、大したものではなかったはずである。

にもかかわらずウクライナ人は、その努力を怠っていた。わずかな予算でできることも、しなかったのである。彼らはその代価を今、払わされている。

スウェーデンやスイスのような徹底的な準備が、全国的に隅々までなされているぞと、平時から宣伝ができていれば、いつかその国を軍事占領してやろうと狙っている隣国にとっても、開戦の敷居は、高くなるのである。

ところが2022年2月以前のウクライナのように、そうした、大してカネもかからない事前準備すらも、やっていないとなると、隣の専制大国をして、間違った判断をさせてしまう。「こんな隣国を征服してやるのは簡単にちがいない」と思い込ませてしまうことになるわけだ。

「タイヤ型爆弾」――地雷代わりの便利なIEDとして

社会が自動車化している今日、「廃タイヤ」は、どの幹線道路脇の草叢にも、ふつうに捨てられて転がっている。なんら、珍しくもないものだ。

だからこそ、敵軍部隊の移動を拒止するIED――路肩に仕掛ける即席爆弾――の外皮

80年代から西ドイツで開発されていた、対戦車ロケット地雷の最新版がこの「PARM 2」。4月からウクライナに供与されている。道路脇100m以内に目立たぬように設置しておけば、複合センサーとAIにより、道路を通りかかった戦車だけに反応して、径128mmの対戦車弾を水平に発射する。40日間獲物がないときは自動的に機能停止する。問題は、姿勢が高いために敵から先に発見されること。このスタイルでは偽装にも限界がある。（写真／ドイツ連邦軍）

として、それは、ふさわしい。

なまじ、土の中に埋めたり、草をかけて隠したりせず、むき出しの雨ざらしで転がしておく。それが、敵を悩ませる。

まず、ドローンでそれを見つけても、ＩＥＤかどうか分からない。

歩兵がすぐ近くから観察しても、中身までは透視ができない。

ということは、敵歩兵はそれに近寄れない。どこかから無線信号で起爆する仕組みになっているかもしれないからである。

タイヤのホイールは金属製ゆえ、金属探知機に反応するのはあたりまえだ。タイヤの中身が爆薬かどうかは、訓練された犬でも使わないと判定ができないだろう。

もし敵が訓練された犬を動員するようになったら、こっちは、少量の爆薬を塗りつけた、ホンモノの廃タイヤをころがしておくことで、敵を足止めできる。

タイヤを遠くから銃撃すれば、どうだろうか。ＰＢＸＮのような鈍感な炸薬は、機関銃弾が貫通したくらいでは誘爆は起こさない。

装甲車の機関砲を使うしかないだろう。だが、そのような古タイヤがいくつもいくつも、沿道に転がっていたら？　そのどれがホンモノのＩＥＤなのかは、外見からは分からないときている。

30ミリ級の機関砲の弾薬は巨大で重く、おいそれと補給をしてもらえるものではない。いちいち射撃を加えているうちに、装甲車内に残弾がなくなってしまうだろう。

台湾は、主要な幹線道路に沿って、廃タイヤの貯蔵所を準備しておくとよいだろう。敵の侵攻が切迫したときに、それを即席のＩＥＤに仕立てられるようにだ。

転がり出す「自爆タイヤ」

舗装道路には簡単に地雷を埋伏できないため、ウクライナにおいては両軍が苦肉の策として、路上にむきだしで、千鳥状に対戦車地雷を置き並べたりしている。

対戦車用の埋設地雷には、掘り出そうとすると自爆する機能がついているものがある。しかしウクライナで使われている地雷はそんな高度なものではないらしく、通りかかった歩兵が手足を使ってそれらを簡単に路側に押しやってしまう。

こんな地雷の用法では、資材と労力の無駄遣いだ。

タイヤには「転がりやすい」という性質がある。鼠花火のように、タイヤに転動力を与える火工品（微少なロケット）を使えば、路側に置いた古タイヤ（中身はＩＥＤ）を、敵の車列が通りかかる直前に道路中央まで「小移動」させて、そこで自爆させることが可能だろう。

シンプルな静止式のタイヤ形ＩＥＤの他に、このような動的なＩＥＤも混在させておくことで、侵略軍は、中身の無いただの古タイヤにもいちいち注意を払わなくてはならなくなり、高速移動を妨げられる。

道路幅の閉塞地雷を一発で構成する方法

散水用の短いホースを蚊取り線香のようにぐるぐる巻きに畳んで収納してあるところに水を通すと、ロールが戻ってホースがまっすぐ延びようとする。

「吹き戻し」細工の玩具の「ぴろぴろ笛」のような、この仕組みを応用し、膨張ガスでロール状のチューブをまっすぐに伸ばすときに、その直線が道路を遮断するように横たわる「ホース状地雷」が、考えられるはずである。

もちろんホースの中には複数の対車両用地雷が点々と封入されている。

ぐるぐる巻きのホースは、これまたやはり、全体の包装を「廃タイヤ」に似せておけば、路肩に落ちていても誰も見向きもせず、遠くから目立たない。

しかしひとたびホースがほぐれて道路の端から端まで（あるいは中央分離帯まで）通せんぼするように延びひろがった状態になったら、その形は敵の車両ドライバーの目に厭でもとまるだろう。

敵軍の車列はどうしてもそこでスピードを落とさないわけにいかぬ。というのは、道路障害が設けてあったら、その近くに守備軍の対戦車班が潜伏し、物陰から道路上を照準している可能性があると用心すべきだからである。

対戦車地雷を舗装道路上に千鳥状に置き並べても、二輪の偵察オートバイはその隙間を難なく通過してしまえる。だがチューブ状の障害では、すり抜けられる隙間は無い。二輪車を持ち上げて越すことはできよう。しかしそこで暫時スピードを落とすときに、やはり防衛軍の狙撃手に、好目標を呈してしまう。

このチューブ状地雷を展開させるコマンド信号は、有線、もしくは現場での手動スイッチにしておくことが望ましい。

敵軍がやってくる何時間も前から道路を閉鎖しておきたい場合には、あらかじめ手動で展張してしまって、延びきったホースの先端をチェーンで電柱などにガッチリと固定してしまうと、たとえば、その広い道路を臨時のヘリ降着場に利用しようという敵の企図も、断念させてやることができるだろう。

地雷の保管時の形状がタイヤ状であるということは、現地で一斉に敷設の作業を進めるときに、地面を転がして行けばよくなるので、時間も労力も節約できる。

木の枝を利用したIED構造の道路障害

タイヤ型にこだわらず、侵略軍の道路使用を阻害できる、他の方法も考えよう。

戦前〜戦中の旧日本陸軍の対戦車地雷には、履帯(りたい)で踏ませる確率をすこしでも高めようと、細長い板状にしたものがあった。

このような形状の地雷は、埋設作業が時間を喰うのと、汎用性がないので、今日の軍隊では、大量生産兵器として高い価値は認められていないと思われる。

が、そのようなものをあえて地中に埋めずに、意図的に敵のドライバーの目からよく見えるように道路上に並べ、その道路を高速で通過しようとする企図に本能的なブレーキをかけさせる手段としては、棒状の爆発性障害物が、今日でも、有効かもしれない。

まず、土地の植生としてありふれている樹種の枝――寸法は、非爆発性であったとしても軽車両の通行を邪魔するくらいが適当だろう――を採取し、その長軸上の、中央部なりどこなりの1カ所に、ポータブルな電動工具を用いて斜めに空洞を穿つ。

その中に、棒状の爆薬や、袋入りの炸薬を挿入・填実して、適宜の信管・爆管をとりつけ、さいしょに開けた表面の穴――すなわち信管面――は木っ端か粘土、樹脂のようなもので塞ぐ。

このようなＩＥＤ（手作り爆発物）を、道路上に長々と横たえておく。

類似の枝――ただし爆薬は装塡していないもの――を少数、添えて混在させるのも、敵による除去作業を面倒にするので、効果的だ。

敵の車両部隊は、戦車や装甲車ならば踏み超えて行けるサイズの枝だったとしても、そのような枝のいくつかには、踏むと轟爆する仕掛けの、数kgの炸薬が内蔵されていることを、すぐに理解する。ちなみに１５５ミリ榴弾砲の弾丸内には７kg～11kgの高性能炸薬が入っており、近傍で炸裂すれば、重戦車をも擱坐させる威力を発揮するのである。

すぐに敵軍は、爆薬を仕込んでいないただの太い枝が転がっていた場合でも、いちいち、その処理方法（遠くから戦車砲で吹き飛ばす、等）を考えながら進まなければならなくなる。また、その太い枝をしずかに道路脇へどけたとしても、その枝が果たしてＩＥＤなのかどうかは、爆発しない限りはいつまでも不明なままであるから、続いて通りかかる部隊にかかる精神的なプレッシャーは消えず、敵軍全体の行動を不可避的にスローダウンさせるだろうと期待ができる。

抵抗軍は、このような爆発性道路障害物の準備を、侵略が始まる前から、進めておくことができる。あらかじめ空洞をしつらえた木の枝を、道路脇の叢林中などにカバーを掛けて積んでおき、いよいよ敵が侵入してきたときに、そこに爆薬を装填して路上へ並べるのである。

事前の準備量が不十分であったとしても、ホンモノの爆薬が仕込まれた枝と、なんでもないただの木の枝を、巧妙に混用することによって、ここぞという場所で、敵部隊の移動速度を低下させてやることが可能になる。

まさにその場所で、対戦車班を待ち伏せさせねばならない。無誘導の対戦車ロケット弾であっても、その命中率は、敵軍車両が行き脚を止めることによって、劇的に高まる。

台湾の場合、「竹」の利用ができる。戦時中、日本陸軍は、割竹に20kgほどの爆薬(ピクリン酸)を填実して麻紐で縛り合わせた、直径15cmほどの「破壊筒」を急造している。

今日の技術なら、外見上、加工してあるのかないのかわからないような「破壊筒」を、天然の竹を利用して急造することは容易であろう。

もちろん、動かしてみれば重さの違いで中に何かが入っていることはわかるわけだが、そのときはすでに信管が作動している。

第3章

無人機戦争の未来が呈示された

即席装備の見本――有志の技術者の創意で無人機を開発

今次ウクライナ戦争の開戦直後、ベラルーシ国境からキーウの北方に達する幹線道路上に発生した「40マイル」もの大渋滞。

こうした路上の車列を、夜な夜な襲撃したウクライナ軍特殊部隊には、ドローンを専門に扱う技能派「民兵」もつきそっていた。

まずは非武装のドローンによる空中偵察で、燃料輸送車を探した。それが敵にとって最も脆弱（ぜいじゃく）でダメージも大きいアセットだからだ。

ウクライナの特殊NGO団体「アエロロズヴィドゥカ」は、もともとは趣味でドローンを愛好する、ちょっとお金持ちな民間人のあつまりだったようだが、2014年のプーチンによる侵略を見て覚醒。得意のドローン操縦によってウクライナ軍を直接に支援することになった。改造工房は、キエフ北郊の「マヤク」という産業都市にあるようである。創始者だった金融投資家氏は、15年にドンバスで戦死を遂げている。

この特技篤志（とくし）集団が、今次戦争で大いに活躍させて急に注目されるようになったのが

ウクライナ軍の「R-18」は、低コストで露軍を大いに苦しめる。対戦車手榴弾をガレージで改造した爆弾を投下するオクトコプターだ。これらの弾薬も、投下方法も、改善や進化が日々続いている。（写真／ウクライナ陸軍）

「R－18」だ。改造型の8軸マルチコプターである。

戦車でも装甲車でも、見つけ次第に小型爆弾を投下して、炎上させてしまう実力が、ビデオによって世界に誇示された。

これが自国民を鼓舞し、海外からの声援を盛り上げ、露軍将兵の士気を萎縮させた無形の宣伝効果は、露軍に与えた物的な戦果を、はるかに上回るであろう。

22年4月下旬の段階で、団体は、連夜300ソーティの無人機ミッションを実行していた。まちがいなく北部戦線の露軍退却に、彼らは貢献している。

「R－18」は、既存の海外商品と国内部品を組み合わせた、寄せ集め品だと説明されている。2021年時点で世界的によく売れていた、大手DJI社の「スプレディングウイング　S1000」という製品が、あるいはベースなのかもしれない。

ちなみにDJIのこの電動オクトコプターは、自重が11kgあり、5kmまでリモコンできて、滞空時間は15分だと宣伝されている。米国では本体のみが1200ドル、カメラなど一式付いて5000ドルで通販されている模様だ。ユーチューブには、おそらく米国内のユーザーがこの機体に「火炎放射器」を取り付けて遊んでいる動画もアップロードされている（樹上のスズメバチの巣などを焼き払うことができる）。

「R－18」の方は、リモコンは4kmまで可能で、滞空は40分まで。爆弾類を5kgまで吊下（ちょうか）できるとする。団体によると「R－18」の完成コストは2万ドルだった由。

投下している爆弾は、旧ソ連設計の対戦車手榴弾「RKG－3」の尾部を3Dプリンター製の空力フィンに付け替えるなどして改造した手作り品。彼らは「RKG－1600」と名づけている。コストは1発100ドルしないだろうと見られる。

「R－18」は、夜間、この爆弾を2発吊るして垂直離陸し、サーマル・カメラによってエ

旧ソ連時代から量産が続いている対戦車手榴弾「RKG-3」。中央のカッタウェイ・モデルにより、逆コーン状の成形炸薬のつくりがわかる。これがメタルジェットを生み出す。（写真／ミンスク市DOSAAF博物館）

ンジン熱をもった敵車両を見つけ出し、高度100m以下まで降りて、真下へ投弾する。

露兵は夜間は活動しない。しかもAFVの内には居らず、民家の中などで寝ているので、「R－18」が頭上に降りてくるのには気付かない。また気付いたところでどうにもならない。歩哨も、装甲車から100m以上は離れないというロシア軍特有の縛りがあるので、「アエロロズヴィドゥカ」は4㎞まで安全に敵陣に近づける。

ホバリング状態からのリリースだから、地表部に強い横風が吹いていない限り、着弾点の誤差は1mくらい。1発目が外れたら、機体の位置をすこしずらして2発目を投下すると、まず当たってくれる。

「T－72」戦車が、この改造手榴弾の命中によっても、内部自爆を起こすことは、ビデオに記録されているので、確かなようである。

「ＲＫＧ－３」手榴弾そのものは、ソ連が１９５０年から量産開始し、今でも現役兵器だ。外見は、木柄付きの手榴弾で、全重１・07kg。その中に成形炸薬が５６７グラム入っている。

手投げできる距離は、せいぜいが20ｍまで。それでもイラクのゲリラは、米軍のストライカー装甲車や、耐爆トラックＭＲＡＰを、この手榴弾で攻撃してきたそうである。市街戦ならば、そういうチャンスがあるわけだ。

「ＲＫＧ－３」の安全ピンを脱して投擲すると、まずバネの力で減速傘が木柄の尾端から飛び出して開く。それがエアブレーキとなり、頭部を下にして敵戦車の天板に当たるように、空中姿勢が定まる。頭部が何か物に衝突すれば、慣性により内部の撃針が雷管を叩き、轟爆するのだ。

対戦車用の成形炸薬は、四周へ飛散させる破片は僅かだから、隣接する民家内にもし住民が残っていたとしても、コラテラルダメージは発生しにくいという。

「Ｒ－18」を昼間に用いる場合は、爆弾の投下高度を３００ｍくらいにしないと、地上の敵兵に気付かれて、機関銃などで反撃されるおそれがある。１機数百ドルなら惜しくないかもしれぬが、１機２万ドルだと、墜落リスクは避けたいはずだ。

いずれにしても、敵に４㎞以内まで近寄らないとこのドローンは役立たないので、リモコン操縦者は敵兵に遠くから気取られぬように陸上を電動オートバイなどで静かに進退する必要がある。ウクライナ軍は、その操縦者チームを、バギー車などに分乗した小部隊によって護衛させている。護衛班は暗視ゴーグルで前路を警戒する。

ウクライナ軍は、２０１６年８月から使い慣れている固定翼型ドローン「ＰＤ－１」を飛ばして、昼のうちに、露軍の夜間の停止位置を見定めておくという。この「ＰＤ」とは「人民のドローン」の意味だそうだ。

市販されているさまざまな部品を、オーストラリア、中共、チェコ共和国からあつめてきて、オフザシェルフ部品だけで急いでこしらえたものといわれる。

米軍も参考のために「ＰＤ－１」を取り寄せて試験したところ、性能は同寸の専用機に遜色がなかった。しかも、製作コストが１機２万５０００ドル未満。米軍の手投げ式偵察無人機「レイヴン」より1万ドルも安い。

米国は2017年に、ウクライナ軍に「レイヴン」の初期型を与えている。しかしリモコン無線がアナログ信号だったため、露軍から簡単に電波妨害されてしまった。

それに対して「PD－1」は、デジタル無線でデータを送受するので、露軍の電波ジャミングにも平気である。実戦は、人を鍛えるのだ。

「PD－1」は自重が33kgあり、カタパルトで射ち出して、パラシュートで回収する。ガソリンエンジンでプッシャープロペラを回し、6時間滞空。高度は3000mまで上昇できる。

ペイロードは8kgあるといい、自爆特攻機に改造しようと思えばできるはずだが、6月末時点でそのような使用法の報道は無い。

ウクライナは「パニッシャー」という、より小型の電動式の固定翼UAVも、秘密の場所で製造しているという。ペイロードが2kgあり、手榴弾サイズの爆弾を3個搭載して、1個ずつ、投下できる設計。ロシア軍の輸送トラックを攻撃するために、2014年以降に急遽、こしらえたという。

高度400mから投弾しても当たるのだそうだ。

旧ソ連のT-72系列は湾岸戦争時点で現代戦車として防護力が足らないことが露呈したのにその後30年も抜本更新は放置され、空虚な自家宣伝の毒が回った状態だった。精鋭即応部隊とされたロシア「第4親衛戦車師団」は3月上旬、国境からわずか15マイルの地点で、ウクライナ軍によって殲滅されている。（写真／Kiev Post）

このほか、ウクライナには、２０１６年から国内で製造している重量４・２kgの商用マルチコプター「ＰＣ－１」というのもあるらしいが、総数は少ないようだ。

市販のマルチコプターから投下できる「最軽量」爆弾

旧ソ連が開発した「30ミリ擲弾」（発射機はＡＧＳ－17という、フルオート・グレネード・ラーンチャー）の弾薬は、１個が３５０グラムで、弾頭には32グラムのＲＤＸ炸薬が入っている。弾丸部分のみの重さは不明だが、この擲弾の頭部に特別あつらえの着発信管を装置し、尾部に３Ｄプリンター製の空力安定フィンを結合したものを、ウクライナ軍は、市販のマルチコプター・ドローンから投下している。

地面に着いた瞬間に爆発するので、延時フューズ付きの手榴弾よりは、気が利いている。

1発で多人数を斃せる威力は無いが、軽い破片でも、刺さった兵隊にとってはおおごとだ。

小さなドローンから30ミリ擲弾改造爆弾のようなものが落とされると露兵が知って後は、彼らに安眠できる場所はなくなった。その後は、何の荷物も吊り下げられない非力なドローンでも、彼らの精神を疲れさせる相乗効果を生んでいる。

こうした市販級のドローンの映像があたりまえのようにSNSにアップロードされることには、ロシア兵に国際法違反の虐殺をさせにくくするというプラスの意義もあるにちがいない。

無人機が提供する戦場動画が、SNS投稿を通じてウクライナ側の善戦を世界に強調宣伝することになり、それはウクライナ国民を心理的に元気付けもし、ウクライナを支援しようという与国の輿論形成にも貢献した。

もはやドローンは、政治宣伝兵器の地位を確立したといえよう。

台湾もUAV振興策を持て

今次ウクライナ戦争で示された「アエロロズヴィドゥカ」等のNGO民兵の活躍は、一国の政府の見込み認識として、ドローン操縦の趣味を「軍事スポーツ」のひとつであるととらえ、平時から積極奨励して愛好者の裾野がおのずから拡大するよう、法環境面も整えることがとても望ましいことを教えてくれている。

たとえば五輪競技のバイアスロンやピストル射撃を、もし政府が「危険スポーツ」視して、禁圧に等しい法令によって普及をさまたげていたならば、当該スポーツ競技の国際大会の場における自国選手団の上位入賞などまず望み薄となるのは無論のこと、有事のさいに、狙撃の上手（うま）い民兵が活躍してくれることは期待できなくなる。

日本国政府は、2022年改正の法令によって、自重100グラムの玩具級のドローンにすらも、安くない登録料を納めて個人情報を定期的に届け出させる面倒を消費者に負わせる一方で、ドローン操縦者の層がぶあつくなるようにする施策を何も考えていないように見える。

いずれどこかの海外のベンチャーが、複数の軽量級のドローンを密集編隊でシンクロに

陸自が2011年から使っている日立製作所製の「JUXS-S1」。重さは4kgしかなく、ゴムスリングで射出し、タフブックで操縦する。偵察用。(写真/I.M.)

飛行させられるソフトウェアを大成してしまうだろう。そのあかつきには、玩具級ドローンが「スウォーム」形態で10kg前後の爆発物を吊るし、また投下できるようにもなるかもしれない。

ひとつ確かなことは、ドローンで自由に遊べる環境が無い国からは、こうしたベンチャーも輩出しにくいであろう。

おそらく今後、日本国内からＤＪＩのような企業が出ることはないし、日本有事のさいにドローンが国難を救ってくれるようなサプライズも想像しない方がいいのだろう。

台湾は、ＵＡＶ振興策において、この日本国のような自滅的な袋小路にわざわざ入り込んではなるまい。

（上）陸自が2018年頃から使っているカナダAeryon Labs社製の「SkyRanger R60」というクォッドコプター。性能は、ペイロード0.7kg、滞空55分という。（下）2013年に陸自に導入されたスキャンイーグル。発進にカタパルトが必要なサイズだが、爆装はできない。（写真／I.M.）

マルチコプタードローンの爆装史

ふりかえると、イラクのモスル市でISが市販のクォッドコプターを、米軍に対する車両自爆特攻の経路事前偵察と戦果の撮影に用い始めたのは2014年8月だった。

同年10月には、イルビル市で、クルド部隊に対し、玩具級のドローン（機種不明）に小型爆薬を結びつけたものをISは飛ばしたものの、それは不発であったという。

ISは2016年には、米軍系の「40ミリ擲弾」を、ドローンから投下できる爆弾に改造して使うようになった。「40ミリ擲弾」は薬莢コミで239グラムなので、その薬莢を除去して空力安定板をとりつけても、それより重くはならないだろう。これに対抗してクルド部隊は、ロシア製の「30ミリ擲弾」（前述）を改造して、ドローンから投下するようになったという。

2017年になると、もはや、自爆特攻型の各種ドローンに加え、マルチコプターから「改造爆弾」を投下できるタイプは、イラク方面では少しも珍しくなくなった。ISは、1年間に数百回も、ドローンによる攻撃を試みた。

ジハーディストたちは、こうした知見を《ドローン爆装改造講座》にまとめてSNSで

ガラパゴス諸島のセイモアノルテ島に、外来のネズミが棲み着いたのを駆除すべく、地元当局は2019年から、自動操縦式ドローンによって、ピンポイントで毒餌を撒いている。この６軸マルチコプターは自重25kg、ペイロードは20kgという。120mm迫撃砲のタマ１発と同じだ。もしこんなものがいちどに500機も襲来して、電波信管付きの専用爆弾を投下するようになったら、天蓋遮蔽無しの塹壕や無装甲のトラック類は即日全滅だろう。（写真／Island Conservation）

動画公開し、反米闘争が世界に広がることを期待している。しかしかなりのあいだ、その動画を域外で視聴する者は、稀だったようである。

２０１８年7月10日、メキシコのバハカリフォルニア州の公安局長宅に、韓国製の破片手榴弾（品名は不明だが、もし「Ｋ－４００」というタイプだとしたら、重量４０５グラム）×2発をくくりつけたマルチコプターが墜落した。その6軸のドローンは、メキシコの麻薬カルテルが国境越しに密輸をするためによく使う、大型のもの。ただし、カルテルは、手榴弾を起爆させる仕組みは付していなかった。脅かしであったようだ。

20ポンド以上の重量物を持ち上げられる、業務用のマルチコプターは、高額である。そこらの店で売っているものでもない。足もつきやすいだろう。

これに対し、２０１８年時点で、世界で最も多売されていたＤＪＩ社製の「ファントム4」は、1ポンドの爆薬を運搬できたそうだ。（最新資料で確認すると、「ファントム4」は最大離陸重量が１５００グラムなのに対して、バッテリー込みの機体重量が１３８０グラムと書いてあるので、ペイロードは１２０グラムしかないことになる。ただし２０１６年5月のユーザーたちの英文フォーラムには、「ファントム4」のモーターを過熱させずに運搬できるペイロードは５００グラム未満だという報告がある。）

米軍の「M26」手榴弾（ちょうど454グラム＝1ポンド）ならば運べたのだろう。しかしソ連系の「F1」手榴弾は６００グラムあるので、そのままでの吊下は難しかった。（何の証拠資料もないことだが、メーカーでは、市販の人気ドローン商品で普通型の手榴弾は運搬できなくしようと考えて、以後のモデルではペイロードの余裕を絞るように設計方針を定めたとしても不思議ではないと思う。なぜなら、各国政府からテロの道具として取り締まられたら、大損だからである。）

メキシコの麻薬カルテルは、２０２０年6月に、「プラスチックＣ４」爆薬とボールベアリングを仕込んだ小型のクォッドコプターで特攻事件を起こしている。まだ「爆弾投下」方式を導入してはいなかったようだ。

しかし2022年になると、イスラムテログループが公開している動画で学習したらしく、中型のマルチコプターから、空力安定板をとりつけた円筒形の「小型爆弾」を複数、任意のタイミングで投下できるようになったそうだ。

クォッドコプターの爆撃機転用でミャンマー人が学んでいること

2022年2月に西側の記者が、「爆装ドローン」によってビルマの不法な軍閥政権に抵抗を試みているNGOの「KGZ－A」（カレンZ世代軍。21年2月の軍閥クーデター後、タイ国境で5月に結成された）を現地取材したところでは、当初は「F11」というシンプルなドローンを使っていたが、遠くまで飛ばせないものであったという（Robert Bociaga 記者による22年2月26日記事「Myanmar's Drone Wars」）。

ネットで調べるとそれはSJRC社製のクォッドコプターで、通販で日本に輸入すると2万円弱くらいらしい。自重500グラムということだから、ペイロードの不足は明らかだ。

ＫＧＺ－Ａは、ＫＮＤＦ（カレン族防衛軍）の下部団体で、他のグループに、対面やオンラインで、ドローンの戦場での使い方を教えるほどに、研究が先行している。そして、もっかのところ、市販ドローンの「ＤＪＩ　Ｐ４」モデルを３日に１機のペースで改造しているという。

やはり、爆装ドローンを使って軍閥政権に抵抗している「ＡＳＦ」（アウンサン軍）とは、爆弾の設計に違いがあったようだ。

ＳＮＳ投稿画像の真贋を追究しているベリングキャットという民間団体によると、ＫＧＺが「ＤＪＩファントム」から手作り爆弾を投下している動画をフェイスブックに初投稿したのは、21年12月であった。これがミャンマーでは最も早い、ホビー用クォッドコプターがリモコン爆撃機として使用されたケースの証拠である。

ＫＧＺ団の爆弾は、外殻が塩ビのパイプのようで、空力安定フィンが尾部に備わる。頭部にはＵ字状に曲げた舌状の薄い金属板があって、これが地面に当たると、屈撓（くっとう）して電池に接し、それによって電気雷管に通電する回路が構成されていたようだ。ところが公表ビデオには、爆発の瞬間が映っていない。これは、信管がうまく機能しなかったことを示唆する。

それに対して、アウンサン軍が22年1月2日にＳＮＳに投稿したビデオには、６回の爆撃シーンが含まれていて、爆発も起きているのが認められる。ＡＳＦ製の小型爆弾は、外殻構造はＫＧＺのとほぼ類似ながら、電池は用いずに、頭部から突き出した五寸釘が押されてプライマーを突くことで発火する、メカニカルな着発信管のようである。

抵抗ゲリラたちは、無辜(むこ)住民を巻き添えにしないために、必ず事前に偵察用のドローンで下界の情況を確かめる。住民が密集している場所へは爆装ドローンは飛ばさないという。せっかくの改造機を、何度も繰り返して運用するためには、起伏のある土地で樹木にひっかけたり、無線リンクが途切れることのないように、十分な高度で飛行させねばならない。攻撃は昼間に実施するため、ドローンは軍閥政府軍の肉眼によって発見されやすい。下から銃撃を受けることもあるという。

ミャンマーの軍閥政権軍は、このドローンからの爆撃を警戒し、今では、部隊を休止させるときに、かならず樹冠が頭上をカバーしてくれている密林内を選好するという。簡易爆弾は、木の枝に当たれば、そこで過早に爆発するのだ。

軍閥政権は、中共製の「ＣＨ－３Ａ」無人機を少数民族相手に使っている。さらにロシアからも「オルラン－10Ｅ」固定翼無人機を調達している。

ドローンからの投弾動画が、レジスタンス仲間の戦意を鼓舞し、海外からの声援も集めるという政治的利用法は、ミャンマーの抵抗グループが一歩さきがけていた。ウクライナでは、それがいっそう強化されている。

そうした宣伝がなければ、世界の暇人は誰も同情はしないのである。台湾人たちには、この機微は分かっているだろう。

米国でのインフラ・テロ未遂事例（参考）

荷物運搬能力のほとんどない、２０００ドルから４０００ドルで買えるカメラ撮影用の市販のクォッドコプターにも、電力グリッドを狙った破壊活動ができるポテンシャルがあることは、２０２０年7月16日に米国で認識されていた。

何者かが、ペンシルベニア州で、ＤＪＩの市販品「Ｍａｖｉｃ ２」を1機使って、変電所施設に短絡を起こさせようとした事件があったのだ。

犯人は、「Ｍａｖｉｃ ２」からカメラと内部メモリーカードを除去し、自重を削減した上で、その機体から細いナイロン糸×２本を垂らし、その末端に、短く太い銅線を吊り下げて、飛ばした。

あきらかに、１９９1年の湾岸戦争の折、米軍がトマホーク巡航ミサイルの中に、高導電性のカーボンファイバーをぎっしり詰めて、イラクの変電所の上を航過しざまにばら撒くことによってイラク全土を停電させた技法から、ヒントが得られているだろう。

米軍はその後、グラファイト・フィラメントをぎっしり詰めたクラスター爆弾もこしらえ、１９９９年にＦ－１１７ステルス攻撃機から投下して、セルビア全土を停電させている。

ところで、２０２２年６月29日に、福島県の郡山市で９８００戸を停電させた犯人は、変電所に侵入した蛇であった。丸焦げ死骸が発見されたという。

長さ２ｍの生きたアオダイショウは重さが１２００グラムほどある。それよりも長く軽量な良導体は、探せばいろいろあるにちがいない。

台湾有事のさいには、こうした特殊な破壊工作用の軽便なＵＡＶが、潜入工作員により操縦されて、変電所などを襲うという事態も、今から予期しておく必要があるだろう。

手榴弾を投下爆弾にしてしまう発明

22年３月の時点では、ロシア軍側による無人機の運用が、ウクライナ戦線では異常に低調であるように見えたので、世界は驚いた。

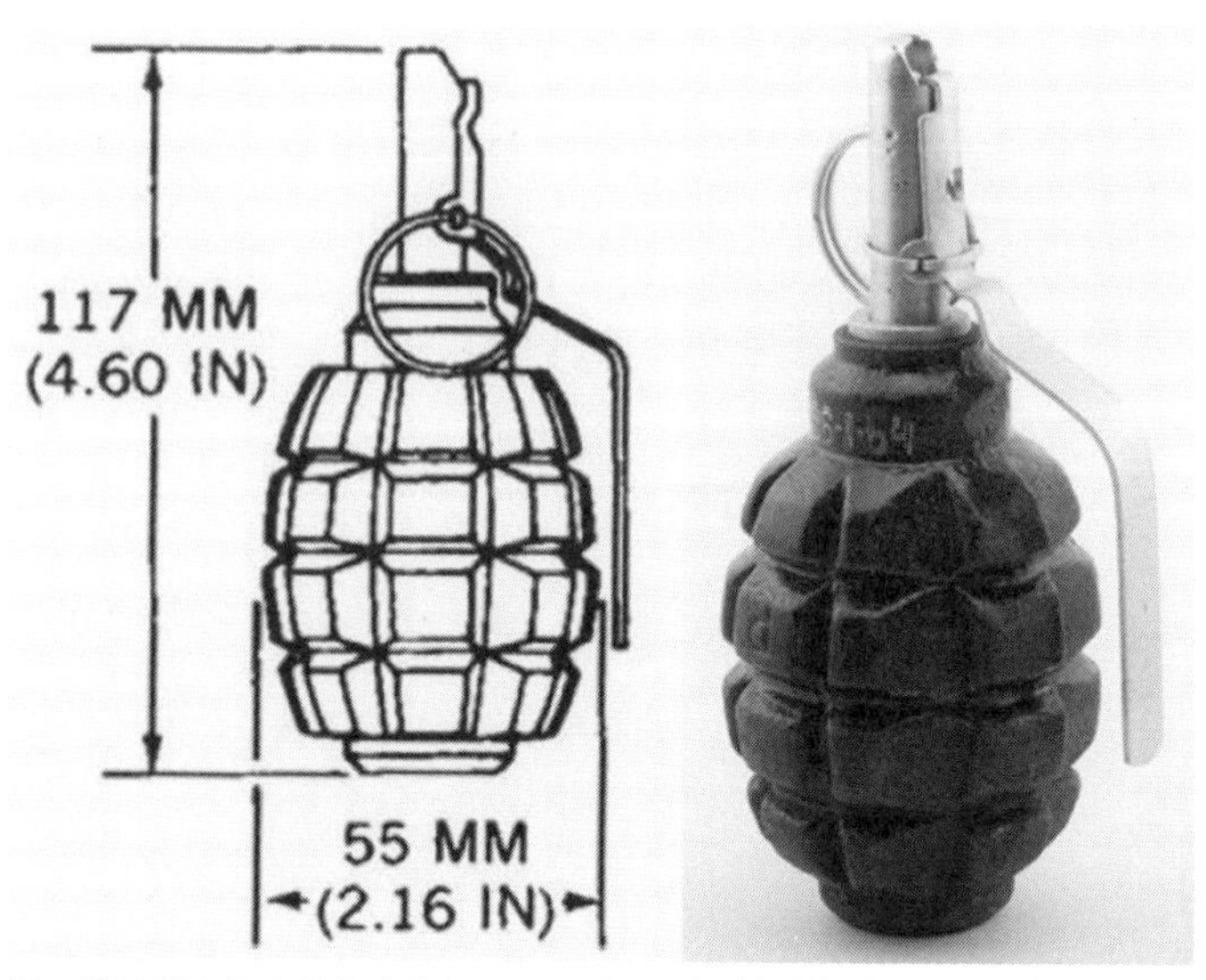

旧ソ連時代から大量生産されている「F-1」手榴弾の外形および寸法。(写真／ウィキメディア)

業務用のパワフルなマルチコプターではない、もっと趣味用に近いサイズのクォッドコプターを改造して、手作りの軽量小型爆弾を投下したのは、やはりウクライナ側が早かった。それがロシア軍の歩兵を「爆撃」しているると思われる動画は、3月下旬からSNSで拡散され出した。

COTS(コマーシャル・オフ・ザ・シェルフ)、すなわち出来合いの市販品を小改造することによって、簡易な実用兵器にしてしまう人々の能力が、世界に印象づけられた。

爆弾はどういう改造品なのか不明だ。初期には、それは「瞬発」の着発信管ではないように見えた。

これにロシア軍側が追いついてきたと印象されたのは、22年の5月下旬のＳＮＳ動画だ。彼らは、豊富に使える弾薬である「Ｆ１」型手榴弾を、クォッドコプターから投下し始めたように見えた。

ただし、普通の破片手榴弾は「着発」ではない。弾体のリリースと同時に、安全装置である「スプーン」の押さえがなくなり、撥ね飛ぶ。それから、４秒後に爆発……。そのような仕組みにするしかない。

この制約から、ドローンは標的の真上、ほとんど50ｍ未満の高度から、手榴弾を落とさなければならない。さもないとはるか頭上で爆発してしまって、破片による毀害を敵歩兵に与えられないからだ。しかし、昼間、50ｍまでドローンが近づけば、その音で、地上のウクライナ兵は、危険を察知してしまうおそれがあった。

ところが6月中旬になると、露式の「Ｆ１」手榴弾を、ほぼ着発にできる工夫を、誰かが発明したようだった。落下して行く手榴弾に、木製の長いヘラのようなものが取り付けてあり、地面に手榴弾が落ちると、初めてその衝撃で木ヘラとスプーンが外れ、それから４秒で爆発するのだ。この方法ならば、投下高度は１００ｍでも３００ｍでも、いっこう構わなくなる。高度が十分に高ければ、地上のウクライナ兵はまず、そのドローンに狙われていると気付くことはできない。

ロシア軍の過去の経験

ロシアは、複数の反政府ゲリラから圧迫されて風前のともし火であったアサド政権を支えるべく、２０１５年からシリアに正規軍やワグネル傭兵を派遣してきた。陸軍や空軍に、小部隊のローテーション方式で対ゲリラ実戦の経験を積ませ、あわせて、ロシア製の最新兵器の実験もしようという魂胆だった。

シリアのタルトゥス港の北85㎞にあるフメイミム空軍基地は２０１５年にロシアが造成し、戦闘攻撃機や輸送機の拠点にしている。とうぜん反政府ゲリラはこの基地を破壊しようと狙う。

当初は、82ミリ迫撃砲（射程４㎞）が主用され、ときおり、大型ロケット弾が降ってくる程度であったのだけれども、２０１７年の1月、ゲリラは、インターネットで買える市販の小型固定翼無人機を13機、飛行コースを事前にプログラムしておく方式で夜間に飛来させた。

これらの機体には少量の爆薬がとりつけてあり、機体が降下して接地すると起爆する仕組みであったという。

空軍基地にはレーダーがある。露軍はこの無人機スウォームの接近を探知すると、電波妨害（おそらくGPS攪乱）によって7機を途中で墜落させたものの、6機はおそらく自律誘導手段をINS（慣性航法チップ）にしていて影響を受けず、基地に突っ込んできた。そのうち3機は不発、3機は爆発したという。

市販の安価な機材をベースに、素人が初歩レベルの改造をほどこしただけの小型無人機でも、正規軍をじゅうぶんに悩ますことができるのだと、ロシア人は学ばされた。

露軍は1週間後、このUAV改造工場に対し、最も作業員が増える時間帯を見計らい、152ミリのレーザー誘導砲弾を距離20㎞から撃ち込むという流儀で返礼した。レーザー照射手は、工場から5㎞のところに潜伏したという。

じつはこのとき西側軍の情報部門は、露軍は空軍機から落とすことのできる「誘導爆弾」を生産・補給できていないのではないかという疑いを、抱いた。その疑いは、2022年にまた補強されている。

2017年時点ではロシアも、カタパルトから打ち出し、パラシュートで回収する、そこそこな値段らしい「オルラン－10」や、手投げ発進させ、電動モーターで2時間飛翔させられる、単価5万5000ドルの「エレロン－3SV」など、小型UAVの複数のラインナップを揃えていた。

今次ウクライナ戦争におけるロシアのUAV

今次戦争の初盤、ロシア軍の無人機はほとんど存在感を示さなかったが、徐々に空撮動画の投稿や、墜落機の映像も増え、さすがに5月にもなると、多種多様のドローンが常続的に飛んでいるなとわかるようになった。機種は、代表的な「オルラン－10」以下、似たようなものが多く、区別ができないほどである。

5月初旬に東部戦線のウクライナ軍に同行した西側記者の記事をみたら、「オルラン－10」の芝刈り機に似たエンジン音は、地上からでもよく聞こえるそうだ。互いの観測用無人機が相手軍の砲兵ユニットを探し、砲兵同士の決闘の決着がついて、初めて味方の歩兵が前進する、そんな戦場が出現していた（Thomas Gibbons-Neff, Natalia Yermak and Tyler Hicks記者による22年5月6日記事「One Village at a Time: The Grinding Artillery War in Ukraine」）。

「オリオン」という24時間滞空ができる攻撃型無人機は、２０２０年から、少数ながら露軍に納入されているという。同機からは、57㎜ロケット弾にレーザー誘導キットをとりつけたものや、重さ44ポンドの誘導爆弾も投射することができるようだ。

ロシアにはそれ以前、「ＭＱ－１　プレデター」（米軍は２０１８年に退役させている）級はおろか「ＴＢ２」級の攻撃型無人機もなかった。

それで２００７年以降、まず手始めにイスラエルから「サーチャー２」のライセンス権を購入し、「フォーポスト」の名で製造して、非武装機として北方艦隊で使い始めたのである。（露領内に墜落して燃えた「フォーポスト」の動画が22年７月５日にＳＮＳに投稿されている。）

カラシニコフ資本の「Ｚａｌａ　アエロ・グループ」が２０１７年から開発した最初のロイタリングミュニション（滞空後自爆型の無人機）は19年にできあがり、「ランセット」という名前で２０２１年にシリアに持ち込まれてテストされたという。ロシア軍がロイタリングミュニションを実戦に投入した初ケースだった可能性がある。

初期型は弾頭重量２㎏で、トラック荷台のカタパルトから発射して、40㎞先の目標を攻撃することができたらしい。

目標特定と攻撃決断をかんぜんに機械任せにしたので、倫理問題も提起した。しかしこの「ランセット」がウクライナで活躍しているという証拠はまだ乏しい。

露軍がウクライナで使っていることが確かめられているロイタリングミュニション〔もどき?〕は、同じメーカー製の「ＫＵＢ」だという。これは自律判断式のロボット特攻機ではなく、リモコンもしない。建物のような、座標が既知でしかも動かない標的に対して、その座標を入力して飛ばす、いわば、誘導砲弾の無人機版のようである。その弾頭はすこぶる非力であるとリポートされている。

「Ｚａｌａ」社のカタログには「４２１－04」および「４２１－16Ｅ」という型番のものもあり、プロペラ配置が牽引式とプッシャー式の違いはあるが、飛行性能は、高度３６００ｍ、レンジ50㎞で、等しい。ロイタリングミュニションと考えられる。

これらが今次戦役でウクライナ軍に大損害を与えているという証拠になる映像は、まだ無い。

22年8月時点でウクライナの戦場には、両軍あわせて１０００機の無人機が、毎日飛んでいるそうだ。

安い方が勝つ——ロシア軍無人機「オルラン－10」と、ポーランド製MANPADSの「消耗競争」

２０２２年3月6日、ウクライナの郷土防衛隊が、ポーランドから援助されたMANPADSである「ピオルン」を2発発射し、露軍の対地攻撃機「スホイ25」を1機、撃墜した。ピオルンは、歩兵の肩射ち式で、水平射距離は６・５㎞、射高は４０００ｍまで対応できる。２０１５年に、それまでの「グロム」という同国産MANPADSを更新した。

5月11日には、やはりポーランド製のMANPADSにより、露軍の新鋭攻撃ヘリである「カモフ52」×１機が撃墜されたようだ。

ジェット機すら撃墜できるのであるから、ガソリンエンジンでプロペラを駆動する「オルラン－10」無人機など、もし射程内で目視発見することができた場合は、撃墜することは雑作もないだろう。「オルラン－10」は高度５０００ｍまで上昇できるそうだから、低空まで降りてこないと、まず発見じたいが無理だが、どうやら搭載カメラの性能上、案外に低く飛び回る必要があるようである。

今次戦争では両軍とも、超低空での対地直協に特化したジェット攻撃機「スホイ25」を多用。その出撃頻度に比例してよく撃墜もされる。（写真／ウクライナ国防省）

ウクライナ軍は、できることなら、自軍部隊に接近する「オルラン-10」を、ことごとく撃墜しなくてはいけない。

というのも、ロシア軍の基本戦闘単位である「BTG」（大隊戦術グループ）は、「オルラン-10」などで捜索・発見した敵の目標を、152ミリ榴弾砲などで距離20km以遠から正確に打撃して片付けてしまおうという基本コンセプトになっているからだ。（歩兵と戦車は、その榴弾砲を敵の肉薄攻撃から護衛することが主な役割となっている。歩兵が精鋭でない軍隊としては、この「砲兵中心」の運用構想は、合理的だ。）

偵察および観測用の無人機さえ叩き落してしまえば、ロシア軍の榴弾砲も多連装ロケット砲も、間接照準射撃の正確さを期すことは不可能になる。すなわちウクライナ軍はまったく損害を受けずに済むようになるのである。

問題は、MANPADSの製造コストと、量産体制だろう。

2016年にポーランド陸軍は、「ピオルン」ミサイル本体1300発と、発射機420基を、2億ユーロで調達している。試算を単純化するために、本体と発射機は同価額だと仮定すると、「ピオルン」を1発発射するのに12万ドル以上はかかるのかもしれない（1ユーロ＝1・07ドルとして）。

ロシア製のMANPADSである「SA-18 Igla」が、新品が1発6万ドルから8万ドルで納品されているという情報もあるので、「ピオルン」もそこまでコストダウンすることは可能ではないだろうか。

これに対して「オルラン-10」の単価は、21年時点では、8万7000ドルから12万ドルというところらしい（当初の高性能カメラの代わりに、最近では市販の民間用デジカメなどを組み込み、COTSに近くなっている可能性もある）。

米国や英国から供与されているMANPADSは、高性能なだけに高額で、数にも限りがある。特に米国製の「スティンガー」ミサイルは、今すぐに米国内の工場に急増産を命じたくても、ラインのフル稼動までに2年はかかってしまうという。第二次大戦中とは、軍需工場が様変わりしているのだ。

かたやポーランド製のミサイルは、比較的に安価であり、しかも性能もじゅうぶんだと

ウクライナ軍が撃墜したロシア製無人機「オルラン-10」を分解したら、チップと一体のサーマル画像センサーは、フランスの工場から2022年２月に出荷されたものであったという。写真は３月にルーマニア北部まで迷い込んだ１機。胴体上のワイヤーは、キャリングハンドル代わりらしい。（写真／ルーマニア警察）

戦場で立証されている。製造ラインは稼動中なので、急速増産も可能かもしれない。もしポーランドの軍需工場が、「ピオルン」ミサイルを単価８万ドル以下でおびただしく供給できるようになれば、露軍の「オルラン－10」をウクライナの戦線上空から一掃するのは夢ではなくなるだろう。

もちろん、ロシア側でも、必死で「オルラン－10」や、その代替になる偵察用無人機を増産させているはず。部品の足りないところはさまざまな代用品を充てて間に合わせている事情も、墜落機の調査で分かっている。

さりながら、コンピュータチップから小型ガソリンエンジン（なんと日本製である）にいたる、軽量無人機の枢要パーツの海外調達は、当面のロシアにとって、解消不能な隘路であるように思える。

ＥＣＭと「チップ戦争」のゆくえ

２０１４年いらい、ドンバスでウクライナ軍とのあいだで電子戦をくりひろげてきたわりには、今次ウクライナ戦争では、ロシア軍のＥＣＭ（電子妨害）活動が不振で、あまり相手にダメージを与えていないように見えることが、部外の観察者たちを驚かせた。

ロシア軍側も、またウクライナ軍側も、互いに、相手があやつるドローンを、ＥＣＭの力によって一掃することはできないようなのである。

ロシア軍は、ＧＰＳ信号の局所的な攪乱術にかけては、かなり年季が入っている。しかしおそらくはドローンの側で、ＧＰＳの偽信号の影響を排除する方法があるようだ。

西側諸国軍は、敵のドローンに向かってＡＥＳＡ、すなわちフェイズドアレイ・レーダーの原理によってマイクロ波を一点集中してやり、ドローンが搭載している姿勢制御用チップの内部回路を短絡させたり焼いてしまうのが早道だろうと考えて、そうした用途に適する小型軽量の機材――いわば「地対空電波銃」――の研究開発を進めている。

今次戦争には、そうした機材は間に合いそうにもないが、次に世界のどこかで起こる戦争では、小型ドローンはもはや、悠々と敵軍の頭上を飛べなくなるかもしれない。

もちろんドローン側にも対策があり得る。たとえば、ＥＭＰ（電磁パルス）に耐性のある新素材に集積回路を封入することで、有害電波の影響を蒙らないようにしようと図るであろう。

この技術競争も、どこまでもエスカレーション・ラダーを昇って行くはずだ。

そしてひとつ言えることは、西側最新の民生用レベルのマイクロチップすら内製できずにいるロシアの工業界には、この分野の競争での勝ち目は薄い。

他方、中共軍は、地対地ミサイルを使って台湾の最先端のコンピュータチップ工場を破壊しようとするだろう。西側諸国との精密兵器量産競争になったとき、中国本土のチップ工場を温存している自軍が有利になると考えるからだ。

ミサイル空襲されたとしても、簡単にラインを機能停止させられないような集積回路工場を、西側諸国は、極力、地域分散的に、建設する必要があるだろう。ドローン以上に、各種のミサイルや航空兵器の内部には、大量の高性能チップの組み込みが、不可欠なのである。

２０１４年に米国主導の経済制裁が発動されて以降、そうした西側製のデュアルユース品チップの入手先が逐次に絞られ、ますます入手難に陥る一方であることが、今次ウクライナ戦争でのロシア空軍の異常な不活発さの原因の一部を、成してもいるだろう。

1万ドルの戦略爆撃手段

22年6月下旬、ロシア本土のロストフ地区にある、石油精製施設（ドネツク方面への補給線の後方に当たる）に、２機の固定翼無人機が急降下して自爆し、プラントは炎上した。ウクライナ軍の最前線からは１５０km以上も離れた場所である。

ＳＮＳに投稿された動画の解析から、やがて、おどろくべき真相が判明する。どうやらウクライナ軍は、「アリババ」の通販サイトで売られていた、中共製の「Ｓｋｙｅｙｅ　５０００㎜」（ちょうどウイングスパンが5mなのでこの名がつけられている）という商品を、自爆機に改造したらしいのである。その商品の売価は、なんとたったの５０００ドルから1万ドルだった。

「Ｓｋｙｅｙｅ　５０００㎜」は、グラスファイバー製で、最大離陸重量が85kgといったところ。巡航時速55kmで７時間は飛べると見積もられる。燃料以外のペイロード、すなわち爆薬搭載量は、15kgから20kgではないかという試算がある。

20kgの爆薬とは物足りぬと感ずるかもしれないが、バイデン政権が5月31日に4両を贈ると決め、6月下旬にウクライナ領内に入ったHIMARS多連装ロケット発射車両から撃ち出される「M31A1 GMLRS」という長射程ロケット弾の充塡炸薬量が23kgなのである（弾頭重量は90kgだと表記されるが、それは鋼鉄製の弾殻を含んでいる。ちなみに炸薬はRDXとアルミ粉を混合したPBXN－109爆薬だ）。

しかも、70km以上飛翔するGMLRSの1発の値段は2022年において16万8000ドルなのに比較して、「Skyeye 5000mm」は、その数倍の距離まで到達するのに、コストは十分の一以下なのだ。

ロシア軍の国境部隊は、この低速機が2機、本土に飛来したのに、最初から最後まで迎撃ができなかった。黒海では、ロシアの戦闘機は、低速で低空を毎日飛び回っている「バイラクタルTB2」の撃墜に、一度も成功していない。

だが、もし地対空ミサイル部隊や局地戦闘機部隊を展開して待ち構えたとして、この低廉な自爆機が連日、10機も20機も飛来したら、どうなるだろうか？

米国が6月末までにウクライナに提供すると決めたHIMARSは、追加分を含めて8両だ。その8両からは一斉に48発のロケット弾をつるべ射ちできる。その48発のロケット

アリババ通販サイトに掲載されていた、売価6500米ドルの「Skyeye 5000mm」の商品写真。プロペラは外されているようだ。

弾と同じ値段で、「Skyeye 5000㎜」ならば、700機も飛ばしてやることができる。かりにもしその2倍、3倍、いや10倍の機数だとしても、西側諸国の財力にとり、用立てるのに何ほどの障壁があろうか？

間違いなく、ロシア軍の地対空ミサイルや空対空ミサイルの在庫が、先に尽きてしまう。ひとつの地対空ミサイルを製造するのに、西側製のデュアルユース・グレードのチップが数十個も必要なのだ（バイデン大統領は5月に、対戦車ミサイルのジャヴェリンには200個以上のマイクロ・チップが組み込まれていると教えてくれた）。

それらはいまや厳重に対露禁輸されている。ロシアの軍需工場には、防空ミサイルの射耗分を補充することは不可能なのである。

量産性のよい固定翼ドローンは、20kgの爆薬を抱えて、数百kmを翔破し、飛行場や石油基地のGPS座標に、自律的に特攻できる。途中でもし撃墜されても、ユーザーは750ドルくらいしか損しない。だがそれをミサイルで撃墜しようとした側は、1機につき数万ドルを費やさねばならぬ……。

このゲームは、防者にとって、持続不可能だ。

したがって台湾軍も、中共軍が将来この攻撃手段をフル動員してくるのを漫然と待つことなく、同じように安価な無人特攻機を今すぐ量産して、東部山岳地帯のトンネル内に大量にストックしておき、有事のさいにはそれを中共本土に向けて放つことによって、敵の防空ミサイルを涸渇させてやるように、最大限、努めなくてはいけないだろう。

むしろ洋上で不死身とわかった「バイラクタルTB2」無人攻撃機

ウクライナのラズニコフ国防大臣が22年6月28日にフェイスブックに書き込んだところによれば、ウクライナ軍は同年2月24日以降だけで、トルコから「TB2」を50機ほども追加調達しているという。

ウクライナは２０２０年から「ＴＢ２」を調達開始した。20年に28機が納入されたとか、21年に20機以上受領しただとかの不確実なルーモアがある（正確な機数は公表されていない。メーカーでは「ＴＢ２」を6機1組としてローテーション運用することを推奨）。

22年1月の『アル・モニター』紙の報道では、トルコは通常より3割安く「ＴＢ２」をウクライナに提供しており、その価額は〔地上設備代を按分して？〕1機７００万ドルくらいだという。おそらくはウクライナがトルコの無人機にエンジンを供給するなどの緊密な協力関係があるがゆえの特別サービスなのだろう。

２０２０年のナゴルノカラバフ紛争では、アゼルバイジャン軍は、この「ＴＢ２」を駆使して、アルメニア軍の戦車１２０両、ＡＰＣ53両、牽引式野砲１４３門などを撃破したとされた。

しかるに今次ウクライナ戦争では、「ＴＢ２」には、任務として、戦車の撃破が割り振られていないようであった。当初は、露軍が投入してきた車載式ＳＡＭをピンポイント破壊している「ＴＢ２」の投稿動画がＳＮＳをにぎわせた。対するロシア側は、すくなくとも1機の撃墜した「ＴＢ２」の残骸をＳＮＳ上で繰り返し宣伝している。

4月の上旬頃、ウクライナ軍がもっている「ＴＢ２」部隊の地上管制車両が、ゴミ運搬トラックに外見を偽装して、オデーサ方面へ集中しつつあるという未確認情報がＳＮＳに流れる。

そして5月2日、ドナウ河デルタの沖合い20海里にあり、オデーサ港への商船の出入りを阻害できる位置にある、通称「蛇島」の近くで、日の出の直後に、ロシア海軍の２隻の「ラプトル」級パトロール艇が、高速回避機動を試みているにもかかわらず「ＴＢ２」からのレーザー誘導爆弾の直撃をくらってしまう、衝撃的な動画がＳＮＳに投稿された。

サンクトペテルスブルグの造船所で建造された「ラプトル」級は、全長が55フィートで、最高速力は48ノットも出せる。しかし射程の短いＭＡＮＰＡＤＳ以上の固有の対空ミサイルは積んでいないため、５０００ｍ～７０００ｍの高度で適宜の間合いをとった「ＴＢ２」の在空を察知していても、それを駆逐する手段のないことが、伝わる映像であった。

さらに5月7日、こんどは、低空域用の自走ＳＡＭ「Ｔｏｒ」を搬入するべく「蛇島」の桟橋に接岸していた露軍の「セルナ」級の高速平底艇（１０５トン）を、夜間に「ＴＢ２」が誘導爆弾で爆砕。その騒ぎに乗ずるようにして、ウクライナ空軍所属の２機の「スホイ27　フランカー」が超低空で「蛇島」の南側から接近し、トス爆撃によって島の上の建物を破壊した。

揚陸済みであった「Ｔｏｒ」に「ＴＢ２」の誘導爆弾が命中している動画もＳＮＳにアップロードされている。

だが、こうした黒海方面での「ＴＢ２」の大活躍のニュースとは裏腹に、ハルキウ東方など陸上の激戦地からは、「ＴＢ２」の戦果動画は投稿されなくなってしまった。

これが意味するところは明らかだろう。「ＴＢ２」は、敵がＭＡＮＰＡＤＳ以上のリーチの長いＳＡＭをひとつでも配置している可能性のある陸地の上へは、飛ばすことはできないと判断されているのである。

その点、海上は有利だろう。そうしたＳＡＭシステムを備えている敵の軍艦は、ごく限られているから、その軍艦の動静さえ、レーダー波の受動的探知や民間衛星写真によって気をつけていさえすれば、洋上飛行中の「ＴＢ２」が不意討ちに撃墜されてしまうような恐れはないのだ。

しかし、それが陸上だと、どこに露軍のＳＡＭ車両がレーダーを停めて隠れ潜んでいるかわからず、レーダーに対してステルスではない造りの「ＴＢ２」は、じきに撃墜されてしまうのであろう。

1機700万ドルの「TB2」は、米陸軍の攻撃型無人機である「MQ－1C　グレイ・イーグル」（2013年度において単価2150万ドル）とくらべれば低廉には違いない。が、ウクライナにとってはやはり貴重品だから、わざわざ消耗戦に応ずるような使い方はできないのだ。

「TB2」にとって、ナゴルノカラバフ紛争と、今次ウクライナ戦争のあいだには、もうひとつ、決定的な環境の相違がある。

それは、イスラエル政府と企業が、今次ウクライナ戦争への軍事的な関与を自粛する立場を堅持していることだ。そのため、ナゴルノカラバフ紛争ではアゼルバイジャン軍がふんだんに投入できていた、「対レーダー」専用のロイタリングミュニション（滞空後自爆式無人機）の類を、今からウクライナ軍が調達するすべがない。

これはもちろんウクライナ軍が迂闊だったのが悪い。

拙著『尖閣諸島を自衛隊はどう防衛するか』（2021年刊）で推定したように、ナゴルノカラバフ紛争における真の無人機の主役は、喧伝された「TB2」ではなかった。その陰に隠れ、「TB2」が自在に活躍できるような下地を作ってやっている、イスラエル製

ナゴルノカラバフ紛争でアゼルバイジャン軍の勝因となったのに、ウクライナ戦域には1機も持ち込まれていないイスラエル製のロイタリングミュニションのひとつ「オービター1K」。カタパルトが圧搾ガス利用式であるのが分かる。（写真／アエロノーティクス社）

の「ハーピィ」「ハロプ」「オービター１Ｋ」といった、ＳＡＭレーダーやＳＡＭ車両に突入して破壊してくれるスペシャリスト兵器の価値が、絶大だったのである。

ただ、イスラエルは当時から、ロシア政府の機嫌をあまり損ねぬよう、その自慢宣伝は控えるようにしていたと思しい。だからウクライナ軍のような分析の浅いバイヤーたちは、「ＴＢ２」にばかり注目させられて、「対レーダー自爆機」の調達を閑却してしまうことになるのかとも想像される。

イスラエルは、ＩＲＧＣ（イラン革命防衛隊）の手先の武装集団がシリアに持ち込む地対地ミサイルの貯蔵所を、越境空襲（主に長距離空対地ミサイルを使う）によって破壊する作戦を随時に実行している。そのさい、シリアに駐留するロシア軍とは悶着を起こさないように、水面下でモスクワと緊密に連絡をとっているのだ（ロシアから移住したユダヤ人が多いおかげで、一層、相談がしやすい）。

この関係をブチ壊すことは、イスラエルの安全にとっては致命的だ。だからイスラエルは、いまやロシアと交戦状態に入ったウクライナに対しては、自国製の殺傷性兵器は絶対に提供などできないのである。

第三国が購入したイスラエル製兵器のウクライナへの供与（転売）も、イスラエル政府は、売買契約時にとりきめている権利として、すべて拒絶している。

ウクライナは、「TB2」の調達と並行して、「ハーピィ」のような対レーダー専用の自爆機を自主開発するか、どこかに外注するべきであったのに、それを怠った。いまさら、その穴を埋めてくれる供給者はないので、「TB2」は、内陸部から退場するしかなくなったのであろう。

もしも、既著『尖閣諸島を自衛隊はどう防衛するか』で紹介した「ハーピィ」「ハロプ」「オービター1K」といったロイタリングミュニションが緒戦時のウクライナにあったとしたら、今次戦争は、ナゴルノカラバフ紛争の「再演」になったかもしれない。すなわち、

「TB２」は7600mまで上昇できるので、ビデオ画像の記録係としても活躍する。後方のトラックからせり上げた送受信用のアンテナに注目。(写真／ウクライナ国防省)

トルコのバイカル社は「ヘルファイア」の半分の重さの誘導爆弾を「TB２」のために開発した。(写真／ウクライナ国防省)

対戦車攻撃は「ＴＢ２」の独り舞台となって、ジャヴェリンもＮＬＡＷも、あまり出る幕はなかったかもしれない。

6月30日、ウクライナ軍は「蛇島」に対して、「ＴＢ２」による遠巻きの観測の下、35㎞離れた対岸のウクライナ本土から、ウクライナで国産されて間もないトラック車載型１５５ミリ榴弾砲「２Ｓ22　Ｂｏｈｄａｎａ」×１門と「ミサイル」（現時点で種類不明だが、ＨＩＭＡＲＳの可能性がある）を撃ち込んだ。これに辟易したロシア兵たちは、ヘリコプターや高速ボートを使って全員「蛇島」から脱出。2月24日いらいの島の占領は、あっけなく終了した。

「ＴＢ２」用のエンジンとウクライナの関係

ついでなのでここで解説しておこう。

「バイラクタルＴＢ２」のエンジンは、２０２０年10月時点では「Ｒｏｔａｘ　９１２」を搭載していた。ガソリンを燃料とする１００馬力の内燃機関である。

このエンジンは、オーストリーのロータックス社の製品である。あの米国のジェネラルアトミクス社の記念碑的な武装無人機「ＭＱ－１　プレデター」が搭載していたエンジンが、「Ｒｏｔａｘ　９１４」という水平対向ガソリンエンジンであった。

しかしロータックス社の資本は、ケベック市にある「ボンバルディア・レクリエーショナルプロダクツ」社（主力商品は、スノーモビルとか水上バイク）が支配している。

つまり、カナダ企業が親会社であるところのオーストリーの工場から、トルコのバイカルマキナ社へエンジンが供給されるという構図になっていた。

ＥＵの「デュアル・ユース・アイテム規制リスト」には、ドローン用エンジンは含まれない。

よって、オーストリーの国内法は、ロータックスのエンジンが輸出された先で攻撃型ＵＡＶに搭載されるかどうかは関知をしないで輸出を許可していた。

だがカナダ政府は、「ＴＢ２」がアゼルバイジャン軍の装備としてナゴルノカラバフ紛争に実戦投入されていることを問題にして、ボンバルディア社に命じて、「Ｒｏｔａｘ　９１２」のトルコ向け輸出を20年10月に停止させてしまった。

バイカルマキナ社は、やむなくトルコの国内企業が製造する「ＰＤ１７０」というエンジンを「ＴＢ２」用に使うことを検討したが、やはり性能に難があった模様で、22年１月時点では、定評あるウクライナ製のエンジンを買って取り付けているという。

グレイイーグルのエンジンは、珍らしい航空用ディーゼルだ。その燃料は灯油系。（写真／アフロ）

今後、トルコのバイカルマキナ社は、ウクライナの「イフチェンコ・プログレス」社から、「AI－322F」ターボファン・エンジンを供給してもらうことになっているという。これは「TB2」の後継機として開発中の「キジレルマ」無人攻撃機用で、この無人機はVTOLでき、トルコの強襲揚陸艦上から運用することになっている。初飛行は2023年を予定していたが、ロシアの侵略でしばらく、見通せなくなった。

ドローン援助の難点も浮上

22年4月21日のホワイトハウスからの発表では、米空軍が、ウクライナのために特急で開発させた「フェニックス・ゴースト」という戦術無人機を

１２１機、供与するという話が注目された。

詳細は明かされていないものの、このドローンは、ロイタリングミュニション（滞空後自爆型無人機）のカテゴリーに属し、「スイッチブレード」のように地上目標に突入して破壊殺傷する機能があるという。

すでに射程40kmの「スイッチブレード６００」というものも別途供与される以上、「フェニックス・ゴースト」のレンジがそれより短いということは考え難い。敵の大砲の射程の外から攻撃できなくては、４月以降の「砲兵戦」の局面では困るからだ。

ロシアから見て補給線が太くて短い、ウクライナの東部国境戦線で、圧倒的な砲弾量を準備し発射できる立場の露軍に対して、こちらが１００門とか２００門ばかりの西側製野砲を供与して対抗させようとするならば、わざわざ相手の有利な土俵に上らせるわけで、無謀かもしれない。

しかし、飛行距離の長い自爆ドローンが使えるなら、話は変わる。こちらが１機を突入させるたびに、敵の自走砲や、トラック車載の多連装ロケット砲を損壊させ、あるいは敵の牽引式野砲の砲側員を死傷させたり、近くに集積されている弾薬を吹き飛ばすことができる。たとえば、つづけざまに100機飛ばすことで、敵の火砲が数十門も減ってくれるならば、いくら露軍の大砲や弾薬が大量であろうと、彼らが砲撃戦を継続することは数日にして不可能になるだろう。そうなれば戦場の「ゲームチェンジャー」だ。

しかし、ドローンの世界は、まだそんなに甘くなかったようだ。

ペンタゴンは、米国内にある軍需品を、4日間でウクライナまで配達できるほどの戦略輸送力を誇っている。そしてまた「フェニックス・ゴースト」のメーカー「AEVEXアエロスペース」社は、ウクライナ兵に固定翼無人機を扱った経験があるのならば、ほとんど訓練の必要もないと豪語していた。

にもかかわらず、「フェニックス・ゴースト」が使われたという証拠の映像は、8月2日にやっとSNSに投稿された。そして40㎞離れた場所の敵戦車を1発で撃破できる「スイッチブレード600」は、その時点でも姿を見せていない。

オースチン国防長官は4月10日のツイートで、ウクライナ兵が「スイッチブレード」の使い方を、ミシシッピ州内の基地で習得したので、これよりただちにウクライナへ戻る、

ロイタリングミュニションの超軽量版「スイッチブレード300」の発射方法がよくわかる。（写真／アメリカ合衆国海兵隊）

と明かしている。

3月に米国がウクライナ軍に援助することを決めた全重2・7kgの「スイッチブレード300」は、5月下旬に、弾頭が爆発済みの残骸の写真がロシア兵によって撮影されているので、その頃から使われつつあると思しい。この自爆飛行弾薬は、最大10km離れたところのトラックを破壊できるとされている。だが露軍の大砲は25km先から撃ってくるのだ。オペレーターは、その射程の中に入っていかなくてはならない。

その残骸写真を見ると、本体がほとんど壊れていない。内蔵爆薬は、米軍の40ミリ擲弾と同じものらしい。運搬機体をバラバラにする力もないような弾頭では、トラックの操縦手をびっくりさせるぐらいが関の山ではないのかとも疑われる。着弾景況を示すビデオがごくわずかしか出回っていない理由も、よくわからない。

8月22日に明らかにされたところでは、「スイッチブレード600」は9月下旬にならないとペンタゴンへの納品も始まらぬそうだ。ウクライナへ搬入されるのはその後だ。

それらにくらべ、4月から供与が始まった牽引式の155ミリ榴弾砲「M777」（古い砲弾だと有効射程21㎞だが、ベースブリード弾なら30㎞に達し、エクスカリバー誘導砲弾なら40㎞届いてしかも精密に当たる）は、5月には最前線で大活躍をみせている。ウクライナ砲兵の訓練はポーランド国内で済ませているようだが、「自爆ドローン」の操作法伝授よりも、はるかにそっちの方が早かったのか……。

以上は、台湾にとっての特に重要な「戦訓」かと思う。

《Z侵略》が始まった後で、攻め込まれている側の国内で無人機を急速増産することは、ほとんど不可能なのだ。

また、西側諸国が台湾へ、高機能の特殊なドローンを、至急に大量に援助しようとしても、それはすぐには戦力化しない公算が大きい。

しかし、市販品のマルチコプターや固定翼ＵＡＶを、比較的に単純な用途に充当するのであれば、援助品も即戦力になってくれるのだろう。

その他のいくつかのロイタリングミュニション

ウクライナのベンチャー企業である「アトロン・アヴィア」社は、「ＳＴ－35 サイレントトサンダー」というロイタリングミュニション（滞空後自爆型無人機）を、ロシア軍が侵攻開始する１週間前に完成した。

発進にはカタパルトは用いずに、別な６軸のマルチコプターによって高度５００ｍまで持ち上げてもらう。そこから切り離されると、電動モーターが推進プロペラを回し、固定翼機として水平飛行を開始。

機体重量は９・５kg、弾頭重量は３・５kgという。

このシステムは、発進補助に用いたマルチコプターが、本機の切り離し後は、そのまま

クォッドコプターと短い十字翼を組み合わせ、まず垂直に発進させたあと、空中で姿勢を真横に傾ければ、そのまま水平高速飛行に移れるのではないかという試みが、さまざまになされている。写真のQuadmovrは2022年2月時点で時速200km以上を達成した。軍事系のベンチャー企業は、もっと重いミサイルでこれを実現できないか、試行している。成功すれば、対戦車誘導弾の価格破壊になるだろう。（写真／QUADMOVR）

無線信号の中継機となる点がユニークだ。つまりは高さ500mのアンテナを立てたようなものだから、30km先まで飛行する自爆機との通信回線は、最後の瞬間まで確保しやすい。

ただし、受注・量産の続報は、入っていない。

ポーランドの兵器メーカー「WBグループ」は、胴体が垂直円筒状のクォッドコプター「Xフロンティア」を5月初旬に完成している。ペイロードは交換式で、最大400グラムの爆薬とすることもできるという。

またそれとは別にポーランドは、4月下旬に、自爆特攻無人機「ウォーメイトＴＬ」をウクライナに供給したようだ。数量は不明。

この固定翼機は、全重５・３kg、弾頭重量１・４kgで、15km先の敵を攻撃できる。発進にはカタパルトが必要だ。

第4章

航空戦の教訓――半導体チップは、じつは「先進国軍隊のコメ」だった！

意外ずくめの緒戦

外野から見ていると、開戦劈頭（へきとう）の夜間ミサイル空襲によって、ウクライナ軍の航空戦力は基地に居ながらにして全滅したのではないかと心配された。

かつて２００８年８月にロシアはジョージアに「五日戦争」をしかけている。ジョージア陸軍は、ロシアの戦車を２両しか破壊できなかった。空軍と海軍はさらに無力で、空と海からの猛爆下に、ジョージア国防軍は屈服させられている。この二の舞かとも思われた。

ロシア軍は、２月24日の初日だけで１００発以上の対地攻撃用のミサイルを、主としてウクライナ国内の防空レーダーや防空ミサイル「Ｓ－３００Ｐ」（一部はスペアパーツ不足で機能していなかった）や、航空基地の滑走路に向けて発射した。これは現代戦争のセオリー通りだ。

電力グリッドなど、インフラに対する開戦劈頭の攻撃や破壊工作（サイバーアタックを含む）が無かったのは、戦争のセオリーには反しているが、プーチンと戦争指導部がウクライナを舐めきっていて、３日後に首都を攻め落として全土を乗っ取れると信じていたのだとしたならば、インフラをできるだけ破壊しないで済ますという選択は合理化されただろう。

対レーダー・ミサイル「Ｋｈ－31Ｐ」は、ベラルーシ領空から空中発射されたと思しい。滑走路にクレーターを開ける地対地弾道ミサイルには、「トチカ－Ｕ」のほか、露軍自慢の「イスカンデル」も投じられた。低速ながら射程が最も長い巡航ミサイル「カリブル」は、洋上の軍艦から発射されて、格納庫や防空施設の建物などを狙ったようだ。

他方で、地上を精密誘導兵器で空爆するための「ターゲティングポッド」という照準器材を積んでいる「スホイ34」戦闘攻撃機は、初日の侵攻爆撃に使われるのが順当であったのに、なぜか、ほとんど飛んではいないようだった。

当初は、露軍の航空部隊の多くが「開戦予定日」を事前に知らされていず、機体整備が急に間に合わなかったからではないか――とも疑えた。秘密警察出身のプーチンが、計画の秘匿を重視したのなら、それもあり得る話だった。

しかし、しばらくすると、ウクライナ空軍の「ミグ29」戦闘機や「スホイ25」対地攻撃機が、破壊を免れて多くが健在であることが伝わり出すとともに、ロシア空軍の固定翼機による対地攻撃は、異常に不活発であることも確からしくなってくる。

ペンタゴンは、3月前半時点で、ウクライナ空軍には作戦可能な戦闘機が56機あると見た。開戦前夜時点でのウクライナ空軍戦力の80％が生き残ったのだ。（何機かは味方の地対空ミサイルで撃墜された。それは両軍ともに避けられないことだという。）

かたやロシア空軍は、ウクライナ国境にすぐに突入できる位置に、固定翼戦闘攻撃機を300機（そのうち「スホイ35S」は80機ほど）展開していたのに、それによってウクライナ軍の航空基地や変電所などを侵攻爆撃するつもりもないようであった。敵国の電力グリッドを寸断することは、敵の空軍と政府の活動を麻痺させる基本の段どりなのだが……。

背景の戦争指導方針が、謎であった。けれども、NATOがAWACS（早期警戒機）情報を開戦前からウクライナ空軍に教えていたであろうことは、だれしも想像はできた。いっぱんに、敵軍の配備などを宇宙から撮影した軍事偵察衛星の写真を他国政府に見せてやるという行為は、秘密保持の壁が高すぎるために、手続きだけでも数日かかってしまうものだという。

しかしポーランドやルーマニアの上空を旋回飛行しているAWACS機がリアルタイムで摑んだベラルーシ領内等のロシア軍機の動静を、たとえばNATOの上級司令部から口頭の電話連絡（もちろんセキュリティ回線）で、ウクライナ空軍の司令部に耳打ちして急告

米国製のペトリオットの向こうを張る、最新鋭の地対空ミサイル「S-400」は、今次戦争で、米国製の長射程ロケット弾すら迎撃できないことが判明してしまった。巡洋艦『モスクワ』の防禦システムが機能しなかったこととあわせ、中共軍は青くなっているだろう。彼らの防空システムは陸海ともロシア製の模倣品なのだから。（写真／ロシア国防省）

してやることとは、生データを開示するのとは違うので、素早く可能であるらしい。

そうだとするならば、ウクライナ空軍が地上で全滅させられなかった事情は得心がいく。開戦初日に、2月24日の

3月中旬に米国の『ニューヨーク・タイムズ』紙や『CNN』放送がパイロットから聞き出して伝えたところでは、ウクライナ空軍の「スホイ27」戦闘機等は、開戦ギリギリまで強化格納庫内に入れられていたという。そして深夜、「ミサイル空襲があるぞ」とのNATO司令部からの間接警報に接するや、離陸前の

2018年に米軍の「F-15」と合同訓練するウクライナ軍の「スホイ27」。ウクライナは直線道路を代用の滑走路にしてこの戦闘機を離発着させる演習も過去にしていた。（写真／米空軍）

チェックをいっさい省いて緊急離陸した。おかげで、露軍の「奇襲第一撃」の餌食にはならずに済んだのだった。

ここからは兵頭の想像になるが、電波輻射源の探知もできるＮＡＴＯ空軍のＡＷＡＣＳ機には、たとえばロシア国境内に展開している「Ｓ－４００」などの長射程地対空ミサイルにロックオンされぬようにするためには、特定のウクライナ軍機が高度何千ｍ以下を飛べばよいか、ことごとく「見える」のであろう。その助言に従い、低空飛行に徹することにより、ウクライナ軍の戦闘機には、ロシア軍の軍用ヘリコプターを駆逐する機会等が与えられるのではないか。

さらに想像を推し進めると、ＮＡＴＯのＡＷＡＣＳ機の全データを受信しているドイツ西部の地下にある統括センターから、ウクライナ空軍の地上管制局を逓伝役にし、超低空を低速飛行中のウクライナ軍戦闘機に対して「×時の方角に空対空ミサイルを発射すれば露軍機に当たる」といったリアルタイムのアドバイスを伝えることすら、理論的には可能かもしれない。ウクライナ軍戦闘機のレーダーには、当初その攻撃対象機がまったく捉えられていなくても、地上指揮所からの指図に従って飛行し続けるうちにロックオンが可能になり、先行飛翔している中射程のミサイルは命中する。ＡＷＡＣＳの介在を前提とした現代の空戦では、こういう連携が不可能ではない。

ＮＡＴＯのＡＷＡＣＳのレーダー反射視程４００㎞の範囲内なら、ウクライナ空軍機はまず撃墜され得ない。ウクライナ西部の分散飛行場でしぶとく生き残っているのも、不思議ではないだろう。

ロシア空軍のAWACS機は、本当に機能しているか？

かたやロシア空軍は今次ウクライナ戦争のためにＡＷＡＣＳを飛ばしている気配が希薄であった。

ようやく6月末、「蛇島」からの撤収作戦のとき、クリミア半島上空で3機の「Ａ－50

U」が飛んでいたと報じられている。しかしそのわりには、ウクライナ軍の低速な無人機「バイラクタルTB2」が、蛇島周辺で、まったくロシア軍戦闘機によって追いかけられることもなく周回しているように見えていたのが、不思議であった。

このへんを、ズバリ解説してくれている調査報道記事が見当たらぬので、勝手に推量しよう。

2014年のクリミア侵略を契機に、国際社会は対露経済制裁を発動している。いらい、グレードの高いマイクロチップ（半導体集積回路）をロシアは表のルートでは輸入調達することが難しくなった。

それに加えてデュアルユース（民需用レベルだが軍用装備にも使われ得る）のマイクロチップは、近年の最新自動車へのAI技術導入や、武漢肺炎による国際サプライチェーン停滞の皺寄せで、西側市場ですらも品薄の状態が続いている。

ロシア軍はながらく、国産の電子兵器に、西側製のマイクロチップをそのまま多用していたことが、今次戦争で鹵獲された兵器の調査により、確認されつつある。

たとえば、自走地対空ミサイルシステムである「パンツィール」の方向探知機回路には、AMD、ロチェスター電子、テキサスインスツルメンツ、リニアーテクノロジー社といっ

ロシア空軍の早期警戒機 A-50U。西側からコンピュータ・チップや種々の部品を輸入できなければ、メンテナンスの行き詰まる装備のひとつである。（写真／ウィキメディア）

た西側メーカーのチップが使われていた。また、空対地ミサイルの「Ｋｈ－１０１」には、35個の米国製のチップが組み込まれていたという（典拠は Howard Altman 記者による２０２２年5月 27 日の記事「Captured Russian Weapons Are Packed With U.S. Microchips」）。

しかもそれらのチップはいずれも製造年が異常に古いという。おそらくは中国から、リサイクル品としてロシアに流出したものだと疑われるそうである。

ロシア兵がウクライナの民家から「皿洗い機」や「冷蔵庫」などの家電品を略奪しているのも、そこからマイクロチップを取り外して、国産の無人機の制御回路には め込むためであるという話が、そうなると、確からしくも聞こえてくる。

だとすると、最先端の軍用グレードのマイクロチップをそれこそ無数に詰め込まなくてはシステムは構築され得ない露軍のＡＷＡＣＳは、マイクロチップを筆頭とす

中共からの侵略が開始されたらすぐに米国から多数の武器・弾薬が搬入されると期待ができる台湾国軍は、あらかじめ戦闘部隊の中軸である将兵に、米国在庫の各種の対戦車兵器や対艦兵器等の取り扱い方を教習させておくのが有利だろう。末端の全歩兵大隊に数人ずつ、そうしたエキスパートが混じっていれば、米軍はわざわざ用法を出張教授しなくて済む。写真はウクライナにおける2021年の「ジャヴェリン」訓練シーン。台湾軍もこれは装備済みだ。（写真／ウクライナ国防省）

る電装系のスペアパーツ不足のせいで、ロシア国内では機能の数割しか発揮ができぬ状態に陥っているのかもしれない。

西側諸国は、デュアルユースのチップも、ロシアとベラルーシに対して今後は禁輸することを決めている。もうすぐロシア国内では、日用家電品すら製造ができなくなるだろう、と5月にレイモンド米商務長官は語っている。

精密誘導兵装の準備量が絶対的に足らなかったロシア空軍

ロシア国防省は3月7日、「スホイ35S」戦闘機が、対レーダーホーミングミサイルである「Kh-31P」などをフル搭載している映像を公開した。

この奇妙な宣伝から逆に、ロシア軍は高機能ミサイルの急速涸渇に向かっているという楽屋裏事情の推測が信憑性を増した。

じっさい、開戦劈頭に空軍機から「Ｋｈ－31Ｐ」ミサイルが、ウクライナの防空レーダ－制圧のために発射されたことは残骸証拠があって間違いないのだが、そのあとは、精密誘導兵装の使用が見られなくなり、無誘導兵装による腰だめバラ撒き型の空襲ばかりなのである。たまにミサイルらしきものが空から発射されたと思ったら、ソ連時代の博物館級の古いミサイルであったりする。

ウクライナ戦争の前、シリアに派兵されていたロシア空軍機のうち、精密誘導爆弾を投下することがあるのは「スホイ34」戦闘攻撃機に限られていた。そのシリアにおける「スホイ34」も、毎回は誘導兵装を使わずに、むしろ無誘導の投下爆弾やロケット弾を常用していることが、現地では観察されていた。

韓国と同程度のＧＤＰで、英国と同規模の国防予算をやりくりしているロシアの空軍が、1発の単価が箆棒（べらぼう）な最新のスマート爆弾を、湯水のようには使えないというのは自然な話だ。

「スホイ35」は今次戦争の開戦劈頭、聖域のベラルーシ上空から対レーダーミサイルを発射した。しかしこの機体を購入している中共空軍にいわせると、電子機材が低性能すぎ、航続力以外は「F-16」に劣るそうだ。(写真／pixabay)

おそらく露空軍は、なけなしの誘導兵装の多くをシリアに運んで射耗させてしまい、本土貯蔵分のストック量が、お寒い情況なのだろう。そして誘導爆弾を運用すべき固定翼機の側にも、遠距離から使える「ターゲティングポッド」が、これまた高額な電子光学センサーシステムであるがゆえに、装備化が進んでいないのだ。これでは、戦闘攻撃機のパイロットたちは、地上の攻撃対象に非常に近いところまでリスクを冒して迫り、目視によって通常爆弾や無誘導ロケット弾を投射するしかない。

現代では、地対空ミサイルを保有している敵地上軍に対するそのような航空攻撃では、リスクばかり大きく、戦果はわ

ロシア空軍の「スホイ34」による爆弾投下。「スホイ34」はこの外見から「カモノハシ」などとあだ名される。量産機数が少なく「虎の子」の扱いだ。ターゲティングポッド装着機であれば、精密誘導兵装も投下できる。(写真／クリエイティヴコモンズ)

ずかしか期待ができない。

それで、さいしょから飛ぶのを控えさせているのだと仮定すると、進行中の事象と、とりあえず矛盾がない。

「決め球」のはずのミサイルが当たらない？

航空機不振の穴埋めをするかのように3月1日に露軍は、ウクライナ軍の航空基地に向けて320発も対地攻撃用ミサイルを発射した。その主力は、射程500kmの「イスカンデル」だった。

露軍の自家宣伝では、この地対地ミサイルは、狙った地点からわずか5mしか逸れないとされていた。

ところがウクライナ空軍の飛行場にできたクレーターを調査すると、あきらかに滑走路から大きく外れている。どうも「イスカンデル」の精度は、広告より遥かに低いのではないかと疑われた。

こうしたロシア軍の精密誘導兵器が案外精密でない理由は、いろいろ考えられる。

まず、宇宙から航法用の電波信号を出しているロシアの「ＧＬＯＮＡＳＳ」衛星群の量と質が不十分である蓋然性。というのは、シリアに派遣されているロシアの「スホイ34」のパイロットが、コクピット内に、わざわざ市販品のＧＰＳ受信器（ガーミン社製のポケットサイズ端末）を持ち込んで、見えるところに貼り付けている実態が、21年夏のＳＮＳ投稿写真から分かっているのだ。低空域になるほどに「ＧＬＯＮＡＳＳ」は受信が不安定となり、ユーザーから言わせれば、非軍用精度のハイキング用のＧＰＳにも使い勝手で劣るのである。

さらに別の可能性としては、ＧＰＳやＧＬＯＮＡＳＳの衛星航法電波に、ウクライナ軍が「スプーフィング」などの、何か臨機の細工をしていることも考えられる。正しい信号とは微妙に違う信号をミサイルに受信させてやれば、ミサイルや誘導爆弾のコースは、目標から数十ｍ～数百ｍもずれてしまうだろう。ロシア軍は湾岸戦争直後からこの妨害テクニックの開発に血眼になってきた。とうぜん、ドンバスで２０１４年いらいドローン交戦を続けてきているウクライナ軍にも、その手の内がよく分かっている。露軍のお株を奪う、より進んだ電波妨害の装置を用意できていたとしても、おかしくはない。

ペンタゴンがとっている統計によると、３月25日時点で、ロシア軍はすでに１１００発の各種ミサイルを射耗したが、その半数以上が、正常に命中・爆発しなかったという。

空中発射型の巡航ミサイル（Ｋｈ－５５５と、Ｋｈ－１０１）は、日によって、失敗率が20％から60％のあいだで変動したという。私見だが、これは、ＧＰＳの運営を監理している米空軍が、特定の地域に向けて、特定の時間帯だけ、微妙にＧＰＳ信号を狂わせてやったために起きた現象ではないかと疑うこともできよう。

いずれにせよ、今次ウクライナ戦争において、露軍の精密誘導兵器は、発射失敗率や不発率が、比較的に高いという悪評が立ってしまった。

３月９日には、不発におわった「イスカンデル」のほぼ完全なサンプルがウクライナ軍の手に入ったので、いずれその不発弾の分析から、露軍のミサイル技術の実力のほども、ＮＡＴＯ軍には知られることになるであろう。

上級航空司令部より下級地上指揮官の意向が優先される露軍独特の「しきたり」

ポスト冷戦期のロシア航空産業界のポテンシャルはいかほどのものなのか。それは2010年代の半ばに判ってしまった。1年に最多で18機。それがピークの製造実績である。政府が生産設備に巨額投資してくれない限り、これを上回ることはありえない。ということは、露軍の航空戦力は、1年また1年と、減っていく一方だ。ここ数年は、1年に、たったの数機ずつしか、新造のジェット軍用機はロシアの工場から出てきていない。早期警戒機だと、過去10年で、たった1機が納品されただけ。ロシア軍パイロットの訓練飛行時間も、いまや中共軍パイロットよりも短くなり、それが墜落事故を増加させつつある（典拠は Maciej Szopa 記者による2021年9月3日記事「Russian Air Force. Last Moments Before a Grand Regression」）。

もともとロシア空軍は、ロシア陸軍の「使い走り」のようなポジションにあった。古今東西、政治革命は陸軍が左右し決定づける。国家を破壊できるのは陸軍であり、国家を守れるのも陸軍だ。だからソ連の労農赤軍とは、イコール陸軍なのであり、海軍や空軍はいつまでも、オマケなのだ。この伝統気質は、ポスト冷戦期の今も牢固として変わっていない。

ロシア空軍の最高司令部は、本心では、空軍にとっての最も合理的な航空作戦を組み立てたい。

すなわち、緒戦では、陸軍や海軍のミサイルを含むあらゆる軍事資源をまずウクライナ空軍とレーダーとＳＡＭの掃滅のために集中投入し、制空権をしっかりと握ってから、おもむろに味方地上部隊のＣＡＳ（近接航空支援）に注力をしてやりたいと念じているに違いない。それが現代戦の常道でもあるのだ。都市爆撃など、とんでもない。それこそ、貴重で有限な航空戦力の浪費でしかない。

だが、プーチンはそれを許さない。

陸軍部隊が東部のハルキウ市など、ウクライナの主要な諸都市の征服に手間取っているのだから、空軍はとにかく地上部隊の前進を支援せよ——とせっつく。

ゲラシモフ参謀総長も、ショイグ国防大臣も、プーチンをたしなめたりしない。

首都キーウに侵攻軍を到達させられずに恥をかいたプーチンは、代わりに他の有名都市をいくつか陥落させないでは、国家指導者としての面目を保てない。また、ウクライナの大都市は枢要な鉄道結節点となっていることが多く、軍用トラックの足りない露軍としては、是が非でも占領するしかないのである。

街道の前進や都市制圧に苦しんでいる地上部隊の指揮官としたら、稼動する空軍機のぜんぶが、できればCASに来て欲しい。当然にそう思う。前進できなければ、軍法会議や懲罰が待っている。「政治将校」という目付け役が、指揮官がプーチンの直接命令に忠実かどうかを、監視もしている。

そしてロシア軍の構造上、空軍側は、その陸軍側からのCAS要請を、断れないようになっているのだろう。

TB2の「引っ越し」。何があった?

両軍ともに、相手陣営のSAMを根絶できないでいる。ウクライナ空軍にその実力がなくても驚かれないが、まさかロシア空軍に「SEAD」（敵レーダーとSAMの撲滅）ができなかったとは……。

　ずっと隠しておきたかったであろう真相も、次第々々に、世界の目から隠せなくなってきた。

「対レーダー・ミサイル」が足らないのかもしれない。だとしたらその遠因も「チップ飢饉」にあるだろう。

　とすれば、これから「対レーダー・ミサイル」をいくら増産しようとしても、まず無理だ。ロシアの国内工場では、必要な密度の集積回路は製造できないのだから。

　6月17日時点で、ウクライナ軍が250ユニットほど持っていた長射程の地対空ミサイル「S－300」のうち24ユニットしか破壊されていない。それに対して露軍の固定翼機は30機、ヘリコプターは45機が撃墜されている。

　ロシア軍機もウクライナ軍機も、敵のもつ長距離SAMのレーダーに映らないようにするため、飛行高度を超低空に抑制するしかなくなっている。それはこんどは敵のMANPADS（歩兵が担ぎまわり、光学照準によって発射される、低空専用の地対空ミサイル）で狙われる機会を増やすので、有人機は互いに前線へは近寄らない。

　かくして7月現在、戦場上空に乱舞しているのは、SAMより廉価なクラスの、双方の小型UAVだけとなった。

ウクライナ軍がＳＥＡＤができないのは、迂闊にも、トルコによる「バイラクタルＴＢ２」の宣伝を鵜呑みにしたからだ。ナゴルノカラバフのＳＥＡＤの主役がイスラエル製のロイタリングミュニションだったという戦訓を解析できず、「ＴＢ２」が単独でも万能なのだと信じさせられてしまった。

だがウクライナ側には希望も救いもある。彼らは西側世界から「チップ禁輸」の制裁を科されていない。イスラエル以外のどこかの国が、「ハーピィ」相当のＳＥＡＤ専用ロイタリングミュニションをじきに開発し、それをウクライナに供給してくれると期待することができるのだ。

第5章

一問一答：台湾をめぐる攻防戦では「戦車」は役に立つのか？

Q：2022年2月に始まったこのたびのウクライナ戦争では、旧ソ連にデザインのルーツをもち、現在も中共軍では主力になっている系統の戦車や装甲車類の「射たれ弱さ」が、あらためて世界に印象づけられた。91年の「湾岸戦争」のとき以上かもしれない。違いがあるなら、何か？

A：西側製の対戦車兵器は過去30年に多彩に進化しました。対してソビエト系戦車――これには中共軍の現役戦車すべてが含まれます――は、冷戦末期に進化の袋小路に入ったきり、30年過ぎても「小手先」改良にとどまっているのです。ロシアはそれを隠したかったけれども、遂にSNSを通じて世界の庶民に知られてしまった。ずいぶん小型軽量の対戦車兵器が、大活躍を見せているのが印象的と思いました。

Q：具体的には？

A：湾岸戦争では、米国製の「マヴェリック」空対地ミサイルが多用されたものです。「A－10」攻撃機や「F－16」戦闘機から発射されたもので、1発が300kgもあった。それが超音速でイラク軍のソ連製戦車に激突するのでは、仮に弾頭炸薬ゼロであっても、

ロシア陸軍はT-72系戦車を写真のT-14で更新したいと思っていたが、西側の経済制裁で電子部品の調達ができなくなり、量産移行は絶望的だ。T-14は、乗員３名をすべて車体前半部に収容し、上空から「ジャヴェリン」で攻撃されやすい砲塔内は無人にした。だがその砲塔で乗員の頭上を覆うレイアウトにはできず、もし車体前半を直撃されたら助からぬ。（写真／クリエイティヴコモンズ）

どんな重装甲でもひとたまりもなかった。攻撃ヘリコプターから発射した対戦車ミサイルも、50kgとか25kgとかの重量級。そのため、勝敗因は制空権にあったように考えられ、ソ連型戦車の本質的な弱さが誤魔化されたとも申せましょう。それにひきかえ今次ウクライナ戦争では、どちらの陣営も航空優勢を確定できない状況下、歩兵1名が担いで運べる重さの対戦車ミサイルや、軽便な各種対戦車ロケット弾が、「T－90」「T－80」「T－72」「T－64」など一線部隊配備のロシア軍戦車を難なく撃破しています。飛翔速度が音速以下で、弾頭は数キログラムなのにもかかわらず……。あきらかにロシアの主力戦車には基礎的な「耐弾構造」が不足なのです。これは冷戦初期のソ連の対欧州戦構想が、「核」+「電撃戦」を前提にして、AFV（装甲戦闘車両）の質や防護力よりも、数量と「無停止で全縦深を走破する能力」を重視させたことに根ざしているでしょう。

Q：なぜ両陣営ともに制空権を握れない？

A：どちらも、相手軍の、長射程SAM（地対空ミサイル）のレーダーを、破壊できないためです。2020年のナゴルノカラバフ紛争のときにアゼルバイジャン軍が多用したイスラエル製の「ハーピィ」とか「ハロプ」のような、対レーダー用の自律式のロイタリングミュニション（徘徊飛行を続けた後、突入する無人自爆機）を、ウクライナ軍は手にできていません。ロシア軍には、空対地型の対レーダー破壊ミサイルがありますが、西側による2014年いらいの経済制裁がもたらしたコンピュータチップ不足が祟って数が足りない上に、ウクライナ軍の方では、そのミサイルに味方の対空レーダーがやられないようにする方法も編み出しています。だから、双方ともに、「S-300」「S-400」といった、米軍の「ペトリオット」に相当する長射程のSAMシステムが生き続けている。そのレー

湾岸戦争で攻撃ヘリやHMMWVから発射された対戦車ミサイル「TOW 2A」の弾頭炸薬は3.1kgあり、ソ連製のT-72戦車や中国製の69式戦車に対して十分な貫通破壊力を示した。歩兵が担いで運べるシステムではなく、訓練時間も長くかかるため、ウクライナへは援助されていない模様。（写真／アメリカ合衆国陸軍）

ダーにひっかからないようにするには、双方とも、戦闘攻撃機を超低空で飛ばすしかありません。ところが敵陣地の近くには、MANPADS──歩兵が運搬して発射できる低空専用の短距離SAM──が隠れています。その水平射程外から敵陣地を正確に爆撃するには「ターゲティングポッド」というきわめて値段の張る電子光学照準装置を吊るして飛ぶ必要があるのですが、ロシア空軍にもウクライナ空軍にも、その装備はほとんど無い。あってもごく少数機ですので、勿体無くて、リスキーな対地攻撃任務に、なかなか送り出せないのです。かくして、互いに比較的に安価で低速なCAS機──最前線まで肉薄して対地攻撃する軍用機の「スホイ25」や「カモフ52」──を前に出し、互いに腰だめでロクに照準もしないでロケット弾を乱射させる、といった航空支援ぐらいしかできなくなりました。

Q：対戦車攻撃ヘリコプターの活動も、今次戦争ではずいぶん不振に見えるが……？

A：ロシア軍、ウクライナ軍ともに低調です。そもそもウクライナ軍側には、湾岸戦争当時の「ヘルファイア」や「ＴＯＷ」に相当する、長射程の対戦車ミサイルを運用できる攻撃ヘリが無かったようです。ロシア軍の攻撃ヘリも、対戦車ミサイルを抱えて飛ぶようになったのはなぜか6月以降。遠くから、無誘導のロケット弾多数を、射程が最大になるような射ち方でバラバラと発射してはすぐに超低空で引き返すような戦法を、両軍の攻撃ヘリコプターは好んでいます。どちらも、敵歩兵のポータブルな小型対空ミサイルが怖いのです。ヘリコプターが、ロケット弾を超低空から斜め45度の角度で射ち上げてバラ撒いても、敵の戦車のような小さくて堅固な目標にはまず効果はないでしょう。が、石油貯蔵所や敵軍の夜営地等に対しては、一定のダメージを与え得るでしょう。

Q：「戦車」対「戦車」の成績はどうか？

Ａ：戦車砲同士の撃ち合いは発生していないようで、ＳＮＳにそれらしい残骸映像も見当たりません。しかし３月20日頃のＳＮＳに、マリウポリ市に攻め込んできた露軍のＴ－72戦車の側面下部を近距離からウクライナ軍装甲車の30ミリ機関砲で連打すると車内に火災が発生するらしい、証拠の映像が投稿されています。

Ｑ：自動装填装置を備えた現行世代のロシア型戦車が、内部弾薬の誘爆をすぐに起こして、びっくり箱のように砲塔が吹き飛んでしまう。どういう理由なのか？

Ａ：「Ｔ－62」型まで４人乗りだったソ連の主力戦車を３人乗りにしようと、70年代に自動装填装置が開発されたのですが、80年代の西側戦車が、砲塔の後半にある「バッスル」と呼ばれる、防爆隔壁付きの弾庫に砲弾をまとめて収め、もし誘爆しても爆圧が上へ逃げ、乗員は死なないように設計しているのに対して、ソ連式は、車長や砲手がおさまる「鳥カゴ」状のターンテーブルの床下部分に主砲弾を円環状に並べておき、そこから「揚弾機」で持ち上げ、砲尾へ押し込むというレイアウトに固執しているのです。このターンテーブルの床板が、まったく密閉構造ではないため、車内スペースのどこかで生じた衝撃波や高熱はすぐに砲弾の装薬へ伝わりますし、その火薬の延焼で、車内の全員が丸焦げになってしまう。さらによくないことに、床下弾庫に入り切らぬ予備の砲弾を、車内スペースの隙間に、むき出しで何発も置いてあるのです。イスラエル軍は、湾岸戦争よりも前から、シリア軍が装備した「T－72」に「びっくり箱」現象が置きやすいという弱点に気付きました。ロシア兵もその弱点を自覚しているのだと確認されたのは99年の「第二次チェチェン戦争」です。投入された露軍の戦車は、床下弾庫の砲弾数を間引きして20発くらいに減らし、そのほかには弾薬は置かないようにしていました。しかし実戦では20発くらいの砲弾はすぐ射耗してしまいますから、対ウクライナ戦争の初盤には、また弾薬満載状態でやってきたのだろうと想像できます。

Q：米国がウクライナに供給した「ジャヴェリン」ミサイルが有名になったが？

A：80年代の米陸軍が装備していた「ドラゴン」という対戦車ミサイルの後継として96年から部隊配備されている歩兵装備です。湾岸戦争後にデビューしたというタイミングのめぐりあわせのせいで、今まで派手な活躍の場が得られていませんでしたが、じつは昨年時点で累計5000発も消費されている。だから改善も相当に進んでいます。かつて、歩兵1名が肩の上から発射できた「ドラゴン」は、ソ連主力戦車の「T－72」や「T－80」の正面装甲を貫徹破壊できる威力はあったものの、命中する瞬間まで射手が、照準眼鏡のクロスヘアーを敵戦車に合わせ続けている必要がありました。射程も約１０００ｍと短くて、敵戦車の機関銃によって一瞬早く、返り討ちにされかねなかった。比べますと「ジャヴェリン」は、湾曲弾道を採用することで射程を倍以上に伸ばし、しかも、射手が指定した目標物の赤外線イメージをミサイルが上空からロックオンしたあとは、射手は隠れてしまってもかまわない。「射ち放し式」といいます。命中点は、ＡＦＶの最弱点である上面。どの国の戦車も、正面装甲をできるだけ厚くして敵の戦車砲弾を止めようと努めていますので、上面装甲まで厚くする余裕はありません。馬力一定のエンジンで動かせる自重の限度を、すぐに超えてしまいますからね。

Q：かなりの高額と聞くが……？

A：「ジャヴェリン」ミサイル１発のコストは、２０２１年納入品で22万～24万ドル。発射器はミサイル本体とは別に25万ドルするようです。この発射器には９倍ズームの暗視機能がついていて、夜間、１マイル以上も離れた場所から、敵ゲリラの行動まで克明に見えてしまうらしい。２０１８年にトランプ政権が、ウクライナ向けの売却／援助を開始し、ウクライナ軍はそれを21年の11月からロシア軍相手にじっさいに使い始めたようです。というのもその頃、クリミアを占領していた露軍の「T－80」戦車の砲塔上に、「バーベキューグリル」のような鉄製の屋根を掛けて、頭上からのミサイル攻撃に対処しようとしている現地改造努力が目撃されだしたからです。

Q：あの「屋上屋（おくじょうおく）」にはミサイル防御の効果はあったのか？

A：22年4月時点でのウクライナ兵たちの証言では、「ジャヴェリン」や「NLAW」に対しては何の効き目もないと確かめられたそうです。むしろ、戦車の内部が燃え出したときに乗員が急速脱出する妨げになるというので、5月にはもうどのロシア戦車もそんな無駄な改造工事を施していません。

Q：「NLAW」と「ジャヴェリン」は、どう違う？

A：「NLAW」は、スウェーデンが冷戦中に完成していた「BILL」という特殊な対戦車ミサイルの弾頭を、非誘導の使い捨て式の対戦車ロケット弾に組み込んだものです。

英国ロイヤルマリンズによる、対戦車使い捨てロケット弾「NLAW」の発射訓練。援助兵器にする場合、ほとんど訓練の必要もないという。（写真／英海軍）

飛翔体が敵戦車の頭上1mを通過しざまに、下向きに成形炸薬のメタルジェットを集中させ、戦車を上から「串刺し」にしてしまうというコンセプト。開発と採用には英国国防省がイニシアチブを発揮していて、ウクライナ軍へは英国から最も大量に供給されています。操作法は簡単で、1時間ほどの教習でマスターできる。単価は1発3万ドル。400m以内に露軍戦車を発見したら、ウクライナ兵の射手は2秒で「NLAW」の照準が完了し、ロケット弾は自動的に敵戦車の頭上1mを通過するように飛翔して、赤外線と磁気の複合センサーによって爆発します。発射筒は使い捨て式にできているので、兵士もすぐ身軽になる。もし600m以遠に敵戦車を発見したときは、ウクライナ兵は「ジャヴェリン」を使います。「ジャヴェリン」の実用最大射距離は、ウクライナの地形では、2000mくらいらしい。「NLAW」はカタログスペックでは800mまで有効となっていますが、これもリアルには600mらしいです。

Q：わが自衛隊が採用している「カールグスタフ」や「パンツァーファウスト3」の調子はどうか？

A：どちらも現役の露軍戦車を破壊するのに有効であるという映像の証拠が集積されつつあります。ドイツ製の無誘導の肩射ち対戦車火器である「パンツァーファウスト3」は、発射機が1万ドル、弾丸は1発5000ドルしません。それで600m先の静止目標に当たってくれる。炸薬は13・3kgもあります。スウェーデンで開発された歩兵携行式無反動砲「カールグスタフ」の弾薬は、タイプによって1発500ドルから3000ドルまでさまざま。発射機は2万5000ドル。静止目標に対しては1km先からも攻撃ができる万能重火器です。対戦車弾の炸薬は440グラムしかないはずなのですが、ロシア製戦車に対して有効であることは立証されています。ただし100m以内の至近距離では、味方の安全のため、弾頭は起爆してくれません。

Q：ウクライナ戦線のあのような広い土地を、歩兵が重い対戦車兵器を担いで夜間に徒歩で進退することは難しくないか？

A：米国のポラリス社というメーカーが、１９８０年代から砂浜レジャー用の、スケルトンな4駆ＡＴＶ（全地形踏破車。いわゆるデューンバギー）を売っているのですが、その最新ラインナップが、ウクライナ軍の少人数からなる挺進攻撃班の「足」にされているようです。夜間行動を隠密化するためマフラーの消音を特別に強化。自重は９００kgから1トン半で、エンジンは44馬力が中心。この車体に対戦車ミサイルと歩兵数名を乗せても、軽いため泥濘地でスタックしないいんだそうです。牽引なら1トンまでできる。車両価格は1万２０００ドル。とても安い。ウクライナ製の対戦車ミサイルである「ステュグナＰ」は2万ドル。これまた安い！　このミサイルによる露軍戦車撃破動画が多数、公開されています。米軍特殊部隊の指導を受けて、２０１９年からウクライナ軍はこの組み合わせを研究していて、今回は約30個分隊が、キーウ郊外まで延びる街道をヒット&ラン攻撃した結果、あの「40マイル渋滞」も生じたのだとか……。ちなみに日本ではこのカテゴリーの車両は公道を走れません。ですから陸自がもし真似をするとしたら「ジムニー」でもベースにするほかありますまい。

Q：ステルスといえば、ウクライナ側は電動バイクも駆使しているそうだが……。

A：その通りです。国内メーカーであるELEEK社が西部のテルノポリ市で電動二輪車をずっと前から製造していて、オートバイ伝令や、狙撃銃などで武装した挺進班がそれを使って夜間に移動すると、内燃エンジンではないため熱輻射が少なく、敵のドローンのサーマルイメージカメラに捉えられないといいます。もちろん騒音も出しません。車体性能は、兵隊を含めて150kgを積載できて、5時間充電すれば150km走ってくれる。ゴムボートにも載るので、敵の裏が掻ける。最新モデルの市価が4200ドル。ウクライナ側の義勇部隊は、中国製のもっと安価な電動バイクも使うそうです。

国産であるELEEK社製の電動バイクにまたがるウクライナ軍の特殊部隊員。内燃機関では、たとい50cc.であっても熱的にステルス化するのは難しいであろう。（写真／ELEEK社）

Q：そんなに長所があるのなら、なぜ先進諸国の軍隊で偵察用のオートバイやスノーモビルを電動化しないのだろう？

A：やはり戦地では電源確保に苦労するからではないでしょうか。3月に、テスラ社製の電気自動車がウクライナの荒廃した町に打ち捨てられている写真がSNS上に出たのが印象的でした。戦時でも、ガソリンや軽油はなんとか手に入る。しかし、電力は供給されなくなる。これが戦場兵站（へいたん）のリアリズムです。

Q：キーウの北郊では、無傷なのに燃料切れで遺棄されたらしい露軍戦車が相当多数、認められたようだが、いったい燃料補給の準備はしていなかったのか？

A：湾岸戦争のときのイラク軍は、積極的には動かずに陣地守備を試みる戦法でした。が、今次ウクライナ戦争は、ソ連設計の戦車を、長距離の攻勢機動作戦に投入した場合にどうなるかの実験となっています。ソ連戦車は、冷戦中のソ連軍のドクトリンだった「全縦深無停止攻撃」を遂行できるように設計されているはずなのです。つまり相手がウクライナでしたなら、南部や西部の国境線までも、途中で止まらずに一挙にＡＦＶ（装甲戦闘車両）の波で呑み込むようにしなければいけなかった。それがまるで実行できていません。ロシア軍は作戦を楽観し、燃料、弾薬、糧食を積んだトラックを最少限度しか用意しませんでした。そして、道路から外れては随伴して来られない「燃料補給トラック」を、敵の伏撃から守れませんでした。結果、戦車もまた幹線道路から離れられなくなった。時間とともに燃料が切れて立ち往生した戦車の乗員は、ウクライナ軍の挺進攻撃を受けて車内搭載弾薬が誘爆することを恐れ、躊躇なくその戦車を放棄しているようです。

Q：春の雪解けで泥濘化した耕地では、ロシア製の戦車はスタックして動けないのだという説は本当か？

A：正確ではないと思います。ドンバス地方は大観すれば巨大河川網の中の大盆地ですが、「湿地」ではありませんので、「接地圧」が人の足の裏よりも軽い戦車の履帯で、基本的に通行はできるはず。ただし、長時間停車していれば履帯も埋まってしまう。かといって泥の中を走り続ければ燃費はひどく悪い。次の燃料補給を受けられるかどうかもわからない戦車兵としたら、まず道路は離れたくないでしょう。また、ウクライナの耕地を走行すると、次々に小河川に遭遇します。この小川の両岸が、崖障害や湿地障害になっているおそれがある。敵の対戦車歩兵としたら絶好の隠れ場所です。あの地方で、わざわざ道路を外れて走ることは、求めて自滅するようなものなのでしょう。

Q：「大隊戦闘グループ」（ＢＴＧ）というロシア軍の戦闘単位は、どのような部隊なのか？

A：１５２ミリ榴弾砲など、１門から6門の牽引野砲または自走砲または多連装ロケット発射機を中核にして、その砲兵ユニットを戦車と歩兵で護衛しながら、あくまで砲兵の間接照準射撃によって敵部隊を破砕し、そのあとで前進するという機能の部隊です。戦車と歩兵は、砲兵の守り手であって、敵を攻める主役ではありません。砲兵が敵兵を退却させたあとでおもむろに前進して、誰もいなくなった町を占領する。長距離砲撃のための偵察や、弾着の観測は、基本的に「オルラン－10」などの無人機が担当します。精鋭歩兵の数が足りず、それを増やすこともできない今日のロシア軍は、即応可能な常備戦力として、このＢＴＧを頼りにしていました。じつは「歩兵が足りないときには砲兵に注力して乗り切れ」というのは、19世紀からあるセオリーです。クラウゼヴィッツも『戦争論』（１８

34年刊）の第5部・第4章の中でこんなふうに説いています。――プロイセンは、フランスのような国民総動員ができる体制にまだなっていない。騎兵を増やしたり、精鋭の歩兵を大量に育成するのは、とても金がかかるし、すぐにできることではない。今は仕方がないから、とにかく砲兵を増強するがよい――と（兵頭著『隣の大国をどう斬り伏せるか――超訳　クラウゼヴィッツ戦争論』参照）。

Q：そのBTGが壊滅的な損害を蒙ったようだが？

A：4月上旬の時点で、使える状態のBTGの75％をウクライナに投入したと見積もられています。問題は、歩兵が足りないという自覚が足りなかったことです。1968年のブレジネフによるチェコスロヴァキア軍事占領作戦のときは、第一梯団（ていだん）25万人に続いて、第二梯団25万人が「後詰め」に動員されていました。それに対してプーチンは、チェコよりも広いウクライナを占領するのに、ぜんぶで19万人くらいしか侵攻兵力を集め得ず、第二梯団は存在しませんでした。

Q：西側諸国からウクライナに対する火砲類の供与も話題になった。そもそも野砲の砲弾で戦車は破壊できるのか？

A：旧ソ連規格の１５２ミリ榴弾砲か、ＮＡＴＯ規格の１５５ミリ榴弾砲であれば、砲弾の中に７kgから11kgの高性能炸薬が詰まっていますので、戦車を直撃せずとも、数ｍの近傍に着弾して炸裂しただけで、履帯が壊れたり、場合によっては、衝撃波によって車内の機械構造も破損します。大砲の口径が１０５ミリですと、そこまでの威力は期待し難いようです。ちなみに、先の大戦で日本陸軍が装備していた口径１４９ミリの野戦重砲の弾丸にも、ピクリン酸（もしくはヘキソーゲンと硝酸アンモニウムの混合爆薬）が７・７kg入っていて、米軍のシャーマン戦車の１ｍ以内に落としてやれば、爆発威力だけで擱坐させることができました（『野戦重砲兵第十二聯隊史』平成６年刊）。戦前に軍艦に用いられたハーヴェイ防弾鋼は、鈑厚が７インチあれば15センチ艦砲に抗堪できたそうですが（外山卯三郎編『南蛮学考』昭和19年刊）、今日では成形炸薬が発達していますので、陸を走る装甲車の側面も防弾する現実的な方法は無いのです。今のウクライナで、敵の砲弾が降ってくる場所で、履帯を破壊されて戦車が身動きできなくなったら、乗員はいつまでもその車内にとどまっていません。次にどんな弾薬で直撃されるかわからず、そうなったら車内で焼死するしかないからです。

Q：野砲（榴弾砲）か、120ミリ重迫撃砲の弾丸らしきものが、ほんとうにAFVの直近に落ちて爆発している、そんなドローンからの空撮動画が、SNSにはたくさん投稿されている。あれらは皆、誘導式の砲弾なのか？

A：それが、よくわかりません。NATO諸国には、レーザーやGPS等を用いて、終末誘導することができる155ミリ砲弾が何種類もあります。その一部はウクライナ軍に援助されてもいるようなのですが、「これは誘導砲弾だ」と明瞭に宣伝されている弾着シーンの動画は、まだ無いのです（7月時点）。4月下旬の時点では、ロシア製のレーザー誘導式の152ミリ砲弾「2K25」の部品や不発弾が拾得されていますので、露軍側も持ち出していることだけは確実のようです。

Q：誘導式ではない砲弾を、たとえば155ミリ榴弾砲から発射した場合の命中精度とは、いかほどなのか？

A：2016年に国際機関が調査してまとめた「EXPLOSIVE WEAPON EFFECTS」と

いう資料によれば、平均的な152ミリ／155ミリ榴弾砲を発射した場合のCEP（10発のうち5発がその内側に落ちると期待できる半径距離）は、射距離15㎞のとき95ｍ、射距離20㎞のとき115ｍ、射距離25㎞のとき140ｍ、射距離30㎞だと275ｍにもなるとされています。95ｍも外れたら、それは「至近弾」とは呼びません。数十ｍも離れたところでの砲弾爆発によって戦車や装甲車が壊れることはまずないでしょう。しかし、AFVが停車したまま動かない場合、それを攻撃する相手の砲兵が、ドローンで弾着を観測しつつ、そのリアルタイムの電送映像をもとに、次射から照準を微修正していけば、何射目かには至近弾を得ることができるかもしれません。また、特定の大砲の癖がよく把握されている場合は、ドローン観測との連携によって、初弾からかなりの正確さで敵戦車に有効な至近弾を得られるのかもしれません。22年5月の前半にロシア軍のBTGが壊滅させられているドネツ川渡河点の戦いでは、無人観測機からの最新画像を後方のセンターで統合判断して、最寄の「M777」榴弾砲の放列にデジタル無線で諸元を伝え、数十秒にして正確な発砲を始めさせるという、ロシア側にとっては想像を超えた展開だったようです。AFVを含む80両の残骸が確認されています。

Q：装甲車や兵員輸送車両の防護力を追求すればするほど、取得性も整備性も戦略機動力

も戦術機動力も積載容量も居住性も、ことごとく悪化してしまう。そのくせ、１００％の生残は保証され得ない。ならば、これからは、どこで性能の妥協をし、割り切ったらよいのか？

A：ただひとつの「正答」があるとは思わないことです。「割り切り」の着目点を多様化するしかないはずだからです。多様であれば、将来、戦場環境が予測を超えて変化した場合でも、どれかは生き残ります。これが、数億年来の生物の生存の秘訣でした。それ以上の知恵はないでしょう。たとえば今次ウクライナ戦争では、核・放射能兵器、化学毒・生物毒兵器は使用されていません。しかしもしこれらが全面的に投入されていたなら、兵士の生き残りや軍の作戦によく貢献したと評価される車両兵器の番付も、変わったはずですよね。

Q：具体的に「割り切り」のイメージを示してほしい。たとえばＡＰＣ（兵員輸送用の装甲車）ならどうすれば……？

A：１発の対戦車ミサイル、１発の対戦車ロケット弾、１発の対戦車擲弾（てきだん）の命中被弾によ

4月初旬、露軍は、前後二重連型の全地形踏破用装軌車まで前線に持ち出すようになった。これはスウェーデンのBv-206をライセンス生産したもので、値段はドイツ製高級乗用車とあまり違わない。ほぼ非装甲ながらも、乗員がいちどに全滅することがない。(写真／ウクライナ国防省)

って、車内空間が、先頭のドライバー席から後端の兵員席まで丸焦げにされてしまうような基本のレイアウトについて、まず反省すべきです。それをふまえた「割り切り」には2つのアプローチがあるでしょう。ひとつは「隔壁」を設けること。車体前半の、操縦手ならびに車長がおさまる区画と、車体後半の、乗車歩兵がおさまる区画とのあいだに、1枚の防爆壁を設けて、車体のどこかに被弾して内部の弾薬が誘爆しても、乗員全員がいちどに戦死することはないようにするのです。もうひとつの別なアプローチは「前後重連」、すなわち車体そのものを2個に分けて、その2個をジョイントで連接して機能させるスタイルにする流儀です。たとえば民間運送会社の「トレーラー・トラック」は、その非装甲の装輪型の見本でしょう。またスウェーデンの雪上車「Bvー206」や英国の湿地機動車「Bvー10ヴァイキング」などはその装軌型の見本です。トレーラー・トラックの被牽引車部分に被弾して内部の弾薬が誘爆したとしても、前方運転席があるトラクターヘッド（牽引車）の車内の乗員は助かる可能性があります。

Q：APCの天板装甲をじゅうぶんに厚くすることで、最前線での生残性を高めることはできないのか？

A：できないようです。91年、湾岸戦争での空からの対AFV攻撃の圧倒的な様相を伝える写真を見て、とうじ『戦車マガジン』の編集部に在籍していたわたしは《これからは上面の防護を特別に重視したシンプルな重APCが各国で工夫されるはず。砲塔と上面装甲とは両立し難いので、砲塔付きの歩兵戦闘車は廃れるのではないか》と直感し、記事の中にその予想を反映させましたが、この予想は外れました。正確には、南レバノンのキリスト教民兵組織SLAが、90年代後半に、古いソ連製の「Tー55」戦車の砲塔は残し、主砲だけを撤去した珍しい「重APC」をこしらえています。2000年5月にSLAが消滅したあとは、レバノン政府軍やヒズボラがその車体を引き継いでいるようなのですが、そ

T-55戦車改造の重APCは実物写真が乏しい。さいわい、SKIFという模型メーカーがプラモデルにしていて、その箱絵がわかりやすい。（写真／インターネットの通販サイトより）

れだけなのです。イスラエル軍は、１９８３年に「センチュリオン」戦車の砲塔を撤廃して「重ＡＰＣ」に改造し、ついで「Ｍ48」戦車も同様に改造をしている、いわば先達ですけれども、それらは基本的にオープントップ構造。頭上から対戦車弾薬が降ってくるという脅威を想定していません。どうしてそうなのかを考えてみますと、畢竟、ＡＦＶを頭上からのアタックから防護することは、不可能だからなのでしょう。試みるだけ無駄だから、誰も設計しないのだと思われます。

Q：歩兵部隊が歩いているところに敵の砲撃が降ってきたら、歩兵は散り散りに伏せたり地物に隠れたりできる。しかしＡＦＶやトラックにはこれができない。すぐ近くにつごうよく陸橋やトンネルがあることはまずない。近くに叢林があってもあまり遮蔽にならない。どうすればいいのか？

A：どうにもなりません。昔の105ミリ砲や75ミリ砲しかなかった時代と違い、155ミリ榴弾や120ミリ迫撃砲弾が降り注ぐ状況下では、だらだら砲撃されるうちに、車両装備は破壊されるでしょう。あまり実用的ではないかもしれませんが、トラックやAPCに、タコツボを急速に掘開できる土工アームを常備させて、せめて人員だけはタコツボの中で生存させてやる、そんな工夫ならば、可能かもしれません。たとえばAPCの床下に機械アームで穴を掘って、兵員は床下ハッチからすぐその中へ飛び込む。敵の砲弾でAPCは大破しますが、上空のUAVからは乗員が全滅したように見えても、どっこいその下で生きている。そんな「土遁の術」も、考えられるでしょう。

Q：AFVの「ステルス化」は無理なのか？　対空偽装網では、ダメなのか？

A：今次ウクライナ戦争では、陸上で敵味方が対峙する前線から双方何十キロメートルもの奥行きで、そこに所在しているあらゆる部隊・陣地・宿営建物・野営地・需品集積場等が、小型サイズ以下の無数の「ドローン」によっていつでも上空から視察され得るようになっているのが分かります。これは台湾や中国を含む多くの国の軍隊にとっては未体験の、新しい戦場環境です。ＳＮＳ投稿動画によってわたしたちが痛感させられますのは、ドローンの「目」から見ると、林縁の外に出ている歩兵の動きや、林縁の外に掘られている小規模な塹壕などは、ほぼ丸見え。専用の対空偽装網ではない、たんにそのへんの木の枝や草を載せただけの生半可な車両偽装も、ほぼ無意味だとも分かります。樹林は、かろうじて歩兵の姿は隠してくれるけれども、車両だと、樹冠を透かして簡単に見つけられてしまう。というのは、そこまで畑地の上に轍痕の筋がありありと延びているからです。

Ｑ：台湾の山岳地の密林は、ウクライナの疎林とは遮蔽度が異なるのではないか？

Ａ：おっしゃる通りで、中・台のドローン対決では、じつは台湾側に有利な点がたくさんあります。中共軍は作戦距離の関係で、緒戦では、本土沿岸部から比較的に大型のＵＡＶを飛ばすしかありませんが、それには「見通し距離」以遠のデータリンクを、衛星を使って確立する必要があります。この方式はとても面倒なものなので「数量の勝負」をかけられません。かたや台湾軍は、「見通し距離」内のリモコンができる小型ドローンの数を平時から揃えておけば、初盤戦のドローンの数量で敵の着上部隊をまず圧倒できるでしょう。

側です。

「大型ドローン対小型ドローン」の戦いになりますと、長く生き残るのは小型ドローンの

ウクライナを見ましょう。ロシア軍もウクライナ軍も、「RQ－4グローバルホーク」級の高々度無人偵察機を保有していません。ウクライナがトルコから輸入した無人攻撃機の「バイラクタルTB2」は、米国の「MQ－1プレデター」の同格機能を狙って開発されたものですが、露軍の車載SAMによって何機か撃墜されたあと、4月中旬までには全機が南部のオデーサに移動したようです。代わって、偵察と「爆撃」をまとめて担うようになったのが、業務用から趣味用までの、雑多なマルチコプター型ドローンや、カタパルト発射できる小型サイズの固定翼無人偵察機や自爆機です。「TB2」クラスとは違い、発進と回収に滑走路が必要ないクラスです。小型や超小型の無人機は、低空を低速で飛ぶものなので、下界から目視で発見することができれば、MANPADSによって撃墜することは可能です。が、その場合、ミサイル価格の方が敵機の値段よりもずっと高額になってしまう。つまり、数に限りのあるMANPADSしか撃墜の手段がないという現状が今後、変わらぬ限りは、どちらの軍隊も、敵が次々繰り出してくる新手の小型ドローンを一掃することは不可能です。

イスラエルのラファエル社製の「SPIKE NLOS」という長射程対戦車ミサイルの発射シーンだが、発射プラットフォームの車両に注目。ボンネットのカドが丸いので、どこにでもある幌付き四輪トラックにしか見えない。上から赤外線で撮像されたときの特徴を消す、この着眼があれば、ドローンだらけの今の戦場でも生き残れる。（写真／Rafael 社）

Q：中共軍の空挺部隊も、小型ドローンを持ち込むであろう。互いに「小型ドローンで見られているのがあたりまえな戦場」が出現するのだとしたら、台湾軍はどうすればいい？

A：トンネル陣地にひきこもっていられない車両装備類に関しては、もう、隠そうとするのではなく、「擬態」する方法をまず研究するべきでしょう。具体的には、まず軍用車両を上空のドローン・カメラから俯瞰したときに、フォルムとシェイプが民間のありふれたトラックのように見えるように、平時からデザインをよく似せておくことです。もちろん塗装は特別でなくてはならず、偽装網もかぶせるのですが、まず「輪郭」「外形」で目を惹かぬことが、サバイバルの上では殊に重要です。敵は、すべての民間車両をいちいち破壊している暇がないからです。それから、たとえばトラック車載の地対地ロケット弾のようなものは、大型トラック1台に何発も積もうとするのではなくて、複数の小型トラックに1発ずつ載せるといった「分散」の発想が必要になるでしょう。そのようにすれば1台1台が物蔭に紛れやすくなる上に、もしドローンによって不意に「爆撃」されても、すべてのロケット弾が灰にはならずに済みます。当面、ドローンからの「奇襲」は、誰も回避や阻止ができない時代になると思わねばなりますまい。

Q：中共軍は台湾攻略に戦車を投入できるだろうか？

A：開戦奇襲と同時に飛行場を占領し、そこを「空挺堡」とすることができれば、続く大型輸送機によって少数の戦車を空輸することは理論上、可能です。が、ウクライナ戦争の初盤で分かったのは、空挺堡の確保そのものが現代では、尋常なやり方では、とうてい成功しないということでしょう。侵略者側の本格的な戦争準備が、民間リモセン衛星画像や、電話傍受や、SNS拡散によって、事前にほぼ筒抜けになるためです。それに、与国——特に米国——からの「耳打ち」が加わるので、台湾側ではさっさと全空港に塹壕陣地を掘り、防備隊の展開も済ませてしまいますから。空輸されてきた少数の軽戦車は、距離30㎞

から野砲の砲弾にも叩かれ、至近距離では古い無反動砲や、対戦車ロケットランチャーの十字砲火を受けて往生するばかりでしょう。また、民間の自動車運搬船やフェリーを徴用して海港からＡＦＶを強行揚陸させられないかという構想は、中共軍が数年間、研究してきたところですが、これらの商船は悪天候に弱すぎて作戦計画にはめ込みにくく、また船舶の「ダメージコントロール」も民間クルーには不可能なのだということが認識されつつあります。1万トン級巡洋艦『モスクワ』ですら2発の亜音速の対艦ミサイルを迎撃できなかったのです。米海軍の「イージス」に相当する防空システムをこれまで自前で開発できていない中共海軍の揚陸艦も、台湾近海に接近すれば海の藻屑でしょう。

Q：では中共軍には台湾侵攻は無理なのか？

A：いいえ。ＡＦＶではなく歩兵中心の大規模な空挺作戦を実行できれば、勝算はあると考えられるでしょう。思い出してください。22年のウクライナ侵略に対する経済制裁として、ロシアの民航会社は、ただちに西側諸国の領空を飛べなくされ、しかもまた、その機材に対する西側企業のメンテナンス・サービスを永久に受けられなくなりました。エンジンのスペアパーツを購入できないのですから、時間とともに、格納庫内でスクラップ化する運命です。中共も、台湾侵略をやるからには、こうした制裁は「織り込み済み」であるはず。どうせ飛べなくされるのならと、国内に数千機ある優良な旅客機のうち1000機ぐらいを、初日の空挺作戦の片道輸送機として、台湾全土の道路などに分散的に不時着させてしまうという、思い切った作戦を考えても不思議はないのです。もしこの手で来られると、降着を防ぐ方法は事実上、ありません。

Q：すると台湾軍の戦車には、存在意義が大きいことになる。

A：その通りです。これはわが日本列島についても言えることですが、島嶼(とうしょ)領土を防衛する側の軍隊が、あらかじめその島嶼上に展開できているAFVは、それが重厚長大であればあるほど、侵略軍側にとっては「同質対抗不能」なアセットになるのです。ロシアや中国にとって、戦車は今後、国内の反乱鎮圧の道具にしかならないでしょう。しかし台湾にとっては、戦車は、敵が設定しようとする空挺堡を即座に蹂躙(じゅうりん)するための、機動対処の骨幹になり得ます。そこを踏まえた研究と整備を続けるべきでしょう。

第6章

「郷土防衛軍」に「二重装備」を持たせること

最も重要だった開戦からの23日間

２０２２年の２月24日に始まった今次ウクライナ戦争は、だいたい３月18日までに「序盤」の区切りがついたかもしれない。

ある時点から、ウクライナ軍には、西側諸国から供与された有意義な数の軽便な対戦車ミサイルや、同じく軽便な対空ミサイルが行き渡り、使用部隊側では、「もう、弾惜しみをしなくていい」と確信ができただろう。

まず、スウェーデンから「ＡＴ－４」対戦車ロケット弾（使い捨て式で、教練は不要）がウクライナ軍の手に渡ったと報じられたのが３月８日頃。それを皮切りにして、爾後、欧米諸国から、怒濤のように援助兵器が届けられ始める。

３月11日時点ではウクライナ軍はすでにＮＡＴＯ諸国から９００発以上のＭＡＮＰＡＤＳ（歩兵が担いで運搬できる重さの地対空ミサイル。ユーザーには教練が必要）を受け取ったと報じられている。

３月16日時点では、ウクライナ軍が西側諸国から受領した対戦車弾薬が１万７０００発に達した。米国製の「ジャヴェリン」もその中に含まれている。軽量ポータブルなので射程は２５００ｍと短いが、低空飛行中のヘリコプターを狙うことまで可能な高機能ミサイルだ。

３月18日の報道では、ポーランドからウクライナへ軍需物資を無検査でトラック搬入する国境ゲートが特設されている模様が窺えた。

他方でウクライナ国内にて、有志の特殊技能を有する民間団体が、業務用のマルチコプター型ドローンを駆使し、改造品の「対戦車手榴弾」を投下するなどの活動も、この18日頃に報じられ出した（第３章を参照）。

２月24日から、３月18日まで、つごう「23日間」である。

この時期以降は、ロシア兵たちも、先行きを楽観しなくなった。

かたやウクライナ国民は、ロシア軍を撃退できそうな手ごたえを感じて、ますます結束して抗戦意思を強くした。

こんな３月18日頃の情勢が、もしも、あらかじめプーチンに分かっていたなら、そもそも侵略作戦はさいしょから考え直すしかなかっただろう。

多くの部外の観察者が、この「23日間」に独自の「もし」を導入して、自国の教訓にしようとしているはずだ。

たとえば習近平は、これから台湾に侵攻するならば、3週間で完全占領してしまえるように、圧倒的な準備をさせねばダメだ——と思ったかもしれない。


そんな脅威と向き合う台湾には、さいしょの3週間、中共軍にぜったいに「空挺堡」を確立させない——という備えが必要だ。

3週間、台湾本島内のどこにも、ひとつの「空挺堡」も確立させてはならぬ。さすれば、まず中共軍にはひとつの「橋頭堡」も支配はできなくなる。いつまでも、船舶によって大量の軍需品を揚陸することを、期待し得ないのだ。

それに対して、米国や日本を筆頭とする「与国」の援助品——それには軍需品もデュアルユース物資も含まれる——は、1~2週間後から台湾東海岸の諸港に送り込まれ始め、3週間後には、その量は膨大になっているはずだ。

この流れが確定すると、台湾本島内に第一波として送り込まれた中共兵たちは、時間とともに、投降するほかに、何もできることはなくなるだろう。

台湾にも「郷土防衛軍」の下地はある

本書の第2章でとりあげた、ホストメル空港の防衛戦において、敵の襲来前に布陣を完了して、ヘリボーン部隊を粉砕し、「イリューシン76」輸送機の着陸を不可能にしてしまった、ウクライナの「郷土防衛軍」のような組織が、おそらくは、その目的を達成するための捷径（しょうけい）だろう。あるいは台湾政府ももう検討を始めているのではないか？

２０２２年2月時点のウクライナには、スウェーデンのような国民皆兵（かいへい）制度こそなかったものの、隣国のポーランドの制度をより強化した「郷土防衛軍」が整備されていた。すなわち、若いとき（基本は18歳）に正規軍に入営して1年から1年半、徴兵としての訓練を受け、その後、除隊して市井人として暮らしている男子国民は、49歳までは、その住居のある町の「郷土防衛軍」に登録され、緊急非常事態が起きたときには武器を執って地元地域を警備・防衛する。

一般的な「予備役」だと、召集令状（いわゆる戦前の日本の赤紙）により、近くの連隊に出頭した後に、どこの戦線へ送られるかは、本人たちには分からない――場合によっては

ウクライナ郷土防衛軍の2015年の訓練風景。機関銃はソ連時代からある古いPKMだと思しい。2011年以降には国産の改良品も製造されている。（写真／ウクライナ国防省）

海外派兵もある——のだが、「郷土防衛軍」は、原則として、居住している地元の町村が守備エリアだと決まっている。台湾のように、いったん徴兵制の廃止に近づいてしまった国では、「動員される意味・目的」が明朗であるこのやり方が、20歳代後半から50歳代の、なお軍役の適齢である男子たちの賛同を、あつめやすいはずだ。

独立後のウクライナの軍制改革をあらためて略述すれば、こうだ。

第二次大戦中に、スターリングラード市をドイツ軍から防衛するのに、ソ連兵は25万人が陣没している。いわば人海戦術が、赤軍の勝利のカギだった。

帝政時代いらいの伝統で、ロシア指導部は、陸軍が小勢で、しかも他国の陸軍とは条約で結合されていない近隣国の言い分など、聞く耳を持つ必要がないと思っている。

今日、比較的に兵員数の多い陸軍を擁しているトルコやポーランドに加え、ウクライナが西欧の陣営に加われば、ロシア指導部もすこしは聞く耳を持つしかないだろう。

しかしウクライナがNATOには加盟しないで孤立しているうちは、ロシアはウクライナをまったく尊重する気などない。それが2014年と2022年にプーチンをして侵略戦争を決定させた。


1991年、ソビエト連邦から分離独立した直後のウクライナには、「18歳徴兵制」があった。しかしウクライナの指導部は、とうぶんはロシアから戦争を仕掛けられようとは思わなかったので、軍事機構は旧ソ連軍そのままで、腐敗が横溢し、士気は低く、団結は弱く、規律も悪かったようだ。

2014年の前半時点で、13万人の現役兵力を帳簿上では数えたものの、すぐにも戦闘に加入できる状態だったのは6000人に過ぎなかったという。

ロシア軍がクリミア半島を奇襲的に占領してしまうと、慌ててウクライナ政府は予備役を呼集したが、半数が連隊に出頭して来なかった。それどころか15年のドンバス戦区ではウクライナ兵1万6000人が逃亡したといわれる。

米国や英国は、ウクライナ軍をしっかりさせないとまずいことになるという意識を2006年から抱いて、まずは少数精鋭の「特殊部隊」の育成から手伝いはじめた。

そして——資料の裏づけはないが——米国政府は、北欧と違って「民兵」の伝統（住民が武装して自衛するのはあたりまえだという社会の共通意識）が無い東欧のウクライナには、米国の「州兵」のような組織を人為的に扶植する必要があると思ったのではないだろうか？

ポスト冷戦期に米国は、その州兵制度をまずポーランドに持ち込んで「郷土防衛軍」という名で定着させた。じつは冷戦後のポーランドは徴兵制をなくしてしまっていて、若いときに徴兵されて軍隊で訓練を受けたという「予備役」のプールが、そのままだと消滅する危機にあった。そこで、軍隊経験ゼロの若者がいきなり志願して「予備役」になる、ユニークな民兵制度が案出された。だから、ポーランドの「郷土防衛軍」は、少数ながらもかなり意識は高い「民兵」制度だと言える。彼らは、敵軍（ロシア軍）が侵略してきたとき、自分の住んでいる町村を、率先、即応的に防衛して時間を稼ぐ。

2014年、ウクライナはひどい状態だった。国防は隙だらけであった。ロシア軍が各地で押収した、ウクライナ軍倉庫にあった対戦車ミサイルの99％は、使い物にならぬコンディションだったという。軍備が、落ちるところまで落ちていたわけだ。

ウクライナ民兵がテーブル上に並べているのは、信管を外した7個の「F-1」手榴弾と、ナツメ形で310グラムと軽い「RGD-5」遠投手榴弾、マカロフ拳銃、RPG-22対戦車ロケット弾（使い捨て式）、そして5.45mm口径の旧ソ連系自動小銃。（写真／Kiev Post）

だが、クリミア半島を切り取ったのに続いて、ドンバス地方も分離独立させようとプーチンが調子に乗ると、さすがにウクライナ国民も目をさます。

それいらい8年間、ウクライナは、最終動員可能兵力を45万人にまで増やした。若い徴兵をローテーションでドンバス方面の「防人」に赴かせ、実戦経験を積んだ彼らが短い現役任期をおわって除隊するや、そのままこんどは「郷土防衛軍」の予備役兵に組み込むというやり方で、全土的な防衛基盤は強化された。ポーランドの「郷土防衛軍」と任務は類似しているが、人員の規模では、徴兵制が維持されているウクライナの方がとうぜんに大きい。ウクライナではそれは志願ではなく、男子国民の義務なのだ。

ドンバスで戦争を続けながら、「訓練改革」も加速された。2018年には、郷土防衛軍も含めて20万人の即応態勢ができた。郷土防衛軍の訓練には、米軍の州兵が、継続的に協力している。

2019年には、ウクライナ軍は兵員規模では欧州第三位に昇格した。NATOの味方になれば、大きな資産である。ウクライナ人もEU加盟を考えるようになった。まだ廓清（かくせい）されていなかった国内機関の「腐敗」の一掃を期待されて、ゼレンスキーが大統領に選ばれたのがこの年だ。

およそ8年間で、ウクライナ軍は面目を改め、弱小な相手ではなくなった。22年2月24日のホストメル空港の守備には、同地の郷土防衛軍が、一歩もひかない奮戦を見せた。彼らがヘリコプターを撃墜し、地対地ロケット砲弾が雨注するなか、頑強に侵略者と交戦して、最終的に撃退した。ロシア軍は驚かされたはずである。

「最初の3週間」に「単発の対物ライフル（12・7ミリ）」が役に立つ

ここで本書は、台湾にも奇襲即応的な地元防衛機構たる「郷土防衛軍」のようなものができるのだろうとの予想のもと、その「郷土防衛軍」には、単発の対物狙撃銃を「重複装備」として持たせるのが、中共発の侵略企図を粉砕してやるのに合理的だと考えるゆえんを説明したい。

ここで言う「重複装備」「二重装備」の意味は、侵略軍が空挺堡や橋頭堡をつくろうとして押し寄せて来ている局面では、その場を守備している兵隊の何割かは「特殊な装備」（具体的には、重厚長大な対物狙撃銃など）を持っていることが有利だが、いったん侵略軍がそこから移動し、それを捕捉せんとする味方正規軍の補助部隊として「郷土防衛軍」も陣地を離れて、もっと流動的な「野戦」に加わろうという段階になったなら、当初使っていた「特殊な装備」は地域の後備兵や住民に預けてしまい、こんどは正規軍と同じ「普通装備」（自動小銃など）に切り替える、そのような、装備の重層的な準備と活用の構想を指す。

「対物狙撃銃」または「対物ライフル」は、昔は「対戦車ライフル」と呼んだものである。

しかし、たとい20㎜や23㎜の実包を使うものであっても、今日の主力戦車の正面装甲は貫通できないので、「対戦車」というおこがましい名前を捨てて、「対物」と名乗る。

おそらく20㎜クラスであれば、ロシア製の「T－72」主力戦車（中国軍の戦車もそのバリエーションにすぎない）の側面装甲を近距離から貫徹できる可能性もある。だが、それでは歩兵が運用する火器として重くなりすぎ、また、1梃の調達価格が高くなりすぎるデメリットがまさってしまう。

12・7ミリ口径でも、中国軍のヘリコプターや「空挺降着用」に徴用された大型旅客機のエンジンは貫通できるし、近距離であれば水陸両用戦車の正面に対しても有効だろう。トラック、集積された弾薬類に対しては、1㎞以上の遠距離から穴を開けることができる。

なによりも、今日の歩兵のアーマーヴェスト（防弾チョッキ）では、12・7ミリ弾を止めることができない。守備軍が、高密度に「対物狙撃銃」をもって待ち構えているところに、空挺隊員や海兵隊員が乗り込んで行くのは、たいへんなストレスになるわけである。

敵のヘリコプターを撃墜したければ、短距離SAMや、MANPADSを使うのが常道である。しかし侵略軍は必ず「奇襲」を仕掛けてくるので、たまたま台湾軍が守備している場所には、対空ミサイルの数が足りないという事態は、起きるだろう。

中国軍歩兵の2022年の訓練模様。輸送用ヘリコプターに搭乗し、ファストロープで降りる。（写真２枚とも／China Military）

そんなときに、この12・7ミリの対物ライフルが役に立つ。じっさいにヘリコプターをバタバタと撃墜することにはなるまいが、飛行場を守備している台湾の「郷土防衛軍」がそのような火器で待ち構えていると事前に分かっていれば、侵略する側として、空挺作戦を慎重に考え直したくなる。

対物狙撃銃は、なまじいに連発式とはしないで、遊底ボルトを手動で開閉して、薬室に弾薬を指で1発だけ押し込んで射つという単純機構にしておいたなら、安上がりに量産させることができる。

見本となる実物の一例を紹介しよう。

クロアチア製の「MACS　M3」は、1991年から輸出されている（推定売価4690ドル以下）。1500mまで狙える。その前からあった「MACS　M2A」を、ブルパップ型に直したもので、レイアウト変更により全長は1・11mにまで縮まり、重機関銃と同じ12・7ミリ弾を発射できる銃であるのに重さは8・8kgに抑えられた。ボルトアクションで、弾倉はついていない。その割り切りのおかげで安価となり、クロアチア軍の他に、スロヴェニア、ボスニア・ヘルツェゴヴィナ、ルーマニアの各軍で現用されている。


陣地で守備している敵部隊がそのような対物狙撃銃を多数揃えているのなら、単発であっても、侵略軍にはたいへんな脅威に感じられる。自動小銃の間合いより遠く、それも周りじゅうから、キツい射弾を集中されるのでは、ヘリコプターでの降着など、思いもよらなくなる。

ただ、対物狙撃銃は、重すぎるので、機動的「野戦」にはまるで向かない。ただでさえ現代の歩兵は、各人が着用するアーマーヴェストの負荷が過重である。その上さらに、9

クロアチア製の12.7mm対物狙撃銃「MACS M3」は、機関部が引金部より後ろに寄ったブルパップ型ゆえコンパクト。窓からうっかり銃身を突き出すリスクも減る。この角度から見ると、必要最小限の部品しかないのがわかる。照準スコープは機関部の左サイドに隠れている。(写真／AgencijaAlan)

kg以上もある対物狙撃銃を持って、山や谷を自由に走り回れるものではない。敵を追って移動しろと言われたら、同じ12・7ミリの重機関銃を、ジープに搭載して道路上から運用したいと、ユーザーは思うだろう。

しかし、飛行場や港湾の固守局面——すなわち開戦から最初の3週間——で、山野のいたるところに対物狙撃銃手を配置して、敵に隙を見せないことの「コスト／パフォーマンス」上の有利点は、まったく捨てがたいものだ。開戦劈頭の貴重な時間を、弾薬をあまり浪費しないで稼いでくれるのだから。

思い出そう。ホストメル空港の防御戦では、ウクライナ軍部隊は自動火器を射ちまくり過ぎて、携行した弾薬がたちまちに尽きかかっているのだ。

悩みは、「重複装備」を肯定的に考えることで、解決する。
装備編制上、変則的な「二重装備」となってしまっても、このさい、かまわないのだ。クリティカルな28日間に有用な「二重装備」であるなら、むしろそれへの投資だけは惜しむべきではない。それで敵による侵略そのものが、諦められることになる。そのメリットが、著大であろう。

飛行場や港湾の守備に任ずる「郷土防衛軍」の民兵は、狙撃拠点になり得る場所にあらかじめ「対物狙撃銃」を隠匿し、敵が緒戦で猛攻してくる間はその位置について、射つ。敵が逃げるか、こっちが退却する展開となったなら、その対物狙撃銃は置き去りにして——あるいは高齢者住民の自衛用に預けるなどの処置をして——、みずからは軽量なアサルトライフルに持ち換えて追撃、または転進する。

もし侵略軍が、この「対物狙撃銃」を拾ったり押収しても、単発で重すぎるそのような火器では、侵略者の戦力をほとんど増すことにつながらない。
侵略軍としても、装甲車に搭載されている14・5ミリ重機関銃を乱射した方が、満足度が高いのである。

だから、郷土防衛軍としては、この装備を、転進の途中で野原に捨ててしまうことを予期しても、少しも不利だと思う必要はない。金額的にも、惜しいものではない。もうその段階でじゅうぶんに、もとはとれているのだ。

「緊急援助武器」としての単発対物ライフル

今日、日本を除く各国の正規軍が「対物狙撃銃」として12・7ミリのセミオート銃やボルトアクション連発銃を整備しているが、これは残念ながら、「優秀な兵隊の無駄遣い」と評すべきだろう。

嵩張り（かさばり）、徒歩の歩兵にとっては重すぎ、連射のファイアパワーがないために適用できる戦場がごく限られてしまうこの特殊な火器は、いちばん単純な「単発」機構とし、あくまで軽量・安価に、「郷土防衛軍」専用と割り切って設計して大量に用意しておいてこそ、すべての欠点が長所に変わるのである。

とくに、太い弾薬補給は期待ができない孤絶したあちこちの守備陣地では、弾薬を濫費しないことが、たいへんなメリットなのだ。ひきかえて、重機関銃のタマを捨てるほどに抱えている正規軍にとっては、対物ライフルに貴重な人員を割かない方が、部隊のパフォーマンスは向上する。

　このように、侵略者にとってのみ「対抗不能」となる妙味がある「12・7ミリの単発狙撃銃」は、台湾政府が平時から大量に準備しておくのがもちろん理想的なのだけれども、いっぽうで日本政府が援助武器として日本国内にストックしておいても、バチは当たらない。

「さいしょの3週間」の内に大量に援助できるなら、それは大歓迎されるだろう。台湾には「予備役」は167万から200万人もいるので、援助武器を使い切れないという心配は無用だ。


　援助火器としての単発対物狙撃銃には、複数のメリットがある。

まず、単発の12・7ミリ狙撃銃は、機能として原始的であるがゆえに、古くならない（最初から古い）。これがたとえばドローンであったならどうなるか。それを数年間、倉庫に大量に保管しているうちに、なにもかも時代遅れになっていて、誰も操縦法がわからないかもしれない。しかし単発機能の狙撃銃は、防湿モスボールしておいたなら、倉庫に何十年積んでおいても、なお、役に立つ。

単発のシンプルな機構の銃器の使用法は、誰でも実物を見れば呑みこむことができるので、特別な訓練を施してやるなどの心配がまったく要らない。

日本には弾薬に関する平時の制約がいろいろ多い。保管中や輸送中の火災・爆発事故は、特に困る。

しかし、弾薬を含まない「対物ライフル」だけなら、長期の貯蔵中や長距離の輸送中に、火災事故や発火爆発事故を起こす危険性が皆無だ。

しかもそれは「壊れ物」でもないので、最終ユーザーの手に渡る前の、輸送の途中で、雑に扱われたとしても、品質は保たれる。わが国から海外へ空輸によって援助するのに、甚だ好都合だといえよう。

「対物ライフル」はかさばるので、ゲリラといえども隠して持ち歩くことはできない。これは、戦時国際法の精神に適っている。

「対物ライフル」は、空挺堡確保のために降着せんとするヘリコプターに対しても、そのエンジンを破壊できるだけの威力があるため、敵のヘリコプターの活動を消極化させ、それが、抵抗側住民の士気を鼓舞する。逆に侵略軍側の士気は萎靡（いび）する。
「対物ライフル」の銃弾は、敵軍部隊が着装する個人用アーマーヴェストやヘルメットを易々と貫通するので、侵略者の士気を低下させ、抵抗側住民の士気を鼓舞する。

現地に平和が回復されたあと、この嵩張る単発銃は、地元政府によって回収され易い。貯蔵中の爆発事故や、不発弾のような戦後災害の原因にもなりにくい。

日本政府にとり、台湾有事を念頭した対外援助専用武器としては、まずこれを大量に準備貯蔵しておくのが「最適解」となるのではないか。

第7章

「住民の自衛」用には、特殊な「手榴弾」が役に立つ

《Z侵略》にさらされた住民は、「武装自衛」する以外になし

「住民を見境なく殺害しかねない侵略軍部隊が、こちらに近づきつつある。いま、1㎞先まで来ているようだ」――。

あなたが、すでに動員され、ある町を守備するために駐留している正規軍の兵士なら、このような情報を無線でリアルタイムに受け取って、状況の険悪さを承知することができるだろう。

もしあなたが、正規軍将兵とともに侵略軍に抗戦することが期待される「民兵」の資格・義務がある民間人であったなら、自発的に、自国軍の最寄の正規軍将校の掌握(しょうあく)下に入ることにより、武器も装具も与えられ、これよりなすべき行動の指示を受けられるであろう。

そしてもしあなたが、逃げ隠れすることが推奨される後期高齢者の一般住民であったなら、こんな情報に接したら、すぐに児童や病人を帯同し、どこかへ逃げるか隠れるか、したほうがいいに決まっている。

ところが、ウクライナのような国に住んでいると、一般住民に今まさに迫っている侵略者軍隊の危険が通知されるタイミングが遅すぎ、知らないうちに敵兵たちが自宅の戸口前までやってくる。

敵兵たちは、自動小銃と手榴弾を擬しながら「ドアを開けないと皆殺しだ！」「家を焼くぞ！」「地下室を今夜から使わせろ」と脅す。

しかしこの敵兵たちを家の中に招き入れても、良いことは起きないのである。

「郷土防衛軍」の機構があっても、《Z侵略》を受けた場合、住民には極度の迫害がふりかかってしまう。

ウクライナ戦争でもよくわかったように、侵略軍将兵は、７日分くらいの糧食は背嚢（はいのう）／雑嚢の中に入れて国境を越える。この携行食が尽きてしまうと、後方からの補給がロクに届かない侵略軍将兵は、民家や商店を略奪しはじめる。また、分散夜営中に砲弾を避ける用心として、戸建住宅やアパートの地下室を強引に占拠しようとするのだ。

22年2月24日以降のウクライナでは、「郷土防衛軍」には登録されていない、50歳以上の男子と、女性・子どもが自宅住居に残留していた。その残留住民が、侵攻してきたロシア軍の尋問対象、そして加害（ときに殺害）の対象になった。

ゼレンスキー大統領は、開戦直後に、18歳から60歳までの男子の出国を原則として禁じた。侵攻してくる露軍としては、まだよぼよぼには見えない高齢男子のすべてが潜在的な敵兵（民兵・パルチザン）だと映ずる。惨禍の生々しさで有名となったブチャ市の街路で、後ろ手に縛られて銃殺されていた人々は、「先手を打つ」という発想で予防的に始末されたのだろう。

住民が、ただじぶんの家に居るというだけでも抹殺の対象とされてしまうのだから、丸腰の無抵抗主義でこのような侵略軍を迎えるのは、ビーチリゾートに青鮫を迎えて共に泳ごうとするに等しい。それは、賢明でも安全でもない。

となれば、住民の「自衛」の方法も考えておく必要がある。

われわれ人間には、さいわいにも、危険予測の能力がある。

侵略軍が自宅の戸口までやってきたときに、家の中に何の有効な武器も無く絶体絶命——ということにはならぬようにする、事前に可能な準備は、いくらでもある。むざむざと殺されたくなければ、それを平時から、適切に実行するのみだ。

「国際法」では惨害は止められなかった

２０２２年勃発のウクライナ戦争において、世界はまたしても、特定の国際法を意に介さぬ反近代的な陣営（国家や武装集団）が、身勝手そのものの破壊および征服の侵略戦争に乗り出した暁に、現地の都市や町村がどう扱われるかの実例を、目撃した。

集合住宅、民家、納屋が、直接且つ執拗に、侵略軍から砲爆撃目標として狙いをつけられ、その住民も意図的に殺傷対象として遇された。

占領後にも住民相手の暴行は続き、さらにまた、侵略軍がその地区から立ち去るときには、置き土産のようにして、略奪できなかった家具や乗用車の見えにくい場所に、爆発物を用いた毀害（きがい）の罠（ブービートラップ）が仕掛けられる。

これらすべてが戦時国際法違反であって戦犯訴追の対象とされ得ることを、識字力のある兵隊ならわきまえぬはずはないが、専制政体を奉ずる反近代的な侵略軍は、「心理戦術」として敢えて組織的にそれらを励行（れいこう）せしめている。

侵略された側の国家の正規軍が、一帯の固守をあきらめて退散しても、そこで流血が終わりにならない。

すぐに、進駐兵による「家屋内掃討」や財貨略奪、残留住民に対する尋問・処刑、強制徴用、強制移住、または性的陵虐が続くのが《Z侵略》なのだ。

たとえばロシア軍（ならびにその仮面支局たる「ワグネル」軍事会社）が、チェチェンや中央アフリカ等で村を占領すると、まず1軒1軒しらみつぶしに内部を捜索して、もし武器でも発見されれば、その家人はただちに皆殺し。住居に火をつけ、死体をその中で燃やして虐殺の証拠を隠蔽するとともに、抵抗活動に利用され得る一物もそこには残しておかないようにする。そうしないと、占領者たちは背後がいつまでも気になり、安眠ができないからだ。

もし家屋内から武器も弾薬も発見されなかったとしても、その日の露兵の気分次第で家人は殺され、あるいはさまざまな加害を蒙ることは、ウクライナから数々の事例が告発された通りである。

不運にもかかる末法の乱世に投げ込まれてしまったなら、もはや婦女老幼の住民たちを防護してくれる味方の正規軍が不存在なのであるから、国際人道法を意識的に蹂躙する気でやって来ている侵略軍に対して、住民はちょくせつに「自衛」ができなくては、生命も人権も守られたものではない。

婦女子や老人が、手榴弾や猟銃で自衛反撃するなど、できれば避けたい事態であるのは無論の話だ。が、現に21世紀の今日でも、ロシアや中国のような専制軍事大国が対外侵略能力を保持している限りは、周辺諸国政府は、そのオプションを住民に放棄させることはできない。

物心両面のその準備こそが、敵人にとって侵略開始の心理的な敷居を高くする。そこまでつきつめた抵抗意志があることを物的に示しておくことが、けっきょくは自由主義諸国民の不幸を最小限にするであろう。

なぜ手榴弾は「住民へのリスペクト」を強いる最善手段となるか？

あなたは現役の兵隊でも警察官でもないので、もし自宅にピストルやライフル銃（この章の最後で「バーミント猟銃」について説明する）が置いてあったとしても、乱入してくる侵略軍の兵士たちは、あまり怖がってはくれない。

彼らは防弾ヴェストを着用している上に、チーム——組・班・分隊・小隊の単位で行動している。必要とあらば、他部隊の増援も、あるいは装甲車の30ミリ機関砲や、場合によったら戦車の125ミリ砲による火力支援も、すぐ受けられるように考えて行動している。

それに対してあなたは1人である。あなたが射撃のスーパーマンであったとしても、おそらく勝負にはならない。

あなたの他に、もっとはやく避難しておくべきであった弱者や病人は、そこに何人いるだろうか？　敵兵はその親類縁者たちを見て、あなたには大きなハンデがあると認識するだろう。その弱者たちはあなたに助太刀する「戦力」たり得ぬ存在である。それどころか侵略者の「人質」だと、あなたも考えるだろう。

かくしてあなたは最初から銃を執ることなく、抗戦をあきらめざるを得ない。家宅捜索で敵兵は猟銃を発見するだろう。あなたは66歳であるという証明書を示すが、敵兵はあなたの身体が健康そうに見えるので、「予備役兵」「後備役兵」ではないかと疑う。それで念のため、あなたは針金で後ろ手に縛られ、道路で銃殺される。

キーウの北方にある「ブチャ」市には、このような死体がロシア軍の占領中から点々と道路脇に放置された。反近代主義圏からやってきた侵略軍兵士たちにとって、占領した町の家屋内に銃器が発見されなかったとしても、「民兵」「レジスタンス」になるおそれのある男子住民の存在はまったく面白くはないから、いいがかりをつけて殺しておくのが安心・安全なのだ。

ところでもし、こうした町の住民たちに、特別に設計された「手榴弾」が大量に配布され、敵の目につきにくいところに分散して隠されていたなら、どうなるだろうか？

手榴弾は、威力の小さなものでも、敵兵の足元で爆発すれば、敵兵の防弾装具でカバーされていない体表を、まんべんなく破片で傷つける。１発の銃弾は防弾ヴェストやヘルメットで止まるかもしれないが、無数の破片と衝撃波は止められない。

しかも、室内の――あるいは前庭の――すべての敵兵が同時にその破片にさらされてしまう。破片創が致命傷になるかならないかは、運次第。投げる側には、軍事教練の必要がない。素人でも、子どもでも、室内や前庭に手榴弾を投げることはできるのである。慣れない強度のストレス下で、多少手元が狂っても、手榴弾の脅威に変わりはない。

今日の正規兵といえども、中世欧州のフルアーマー騎士のように、あたまのてっぺんからつまさきまで「防弾」していることは不可能だ。およそ、頭部と胴体部をのぞけば、案外に高速破片に対して無防備な「隙」が多い。

ミニ手榴弾の破片は、投げた本人がどんな射撃の素人でも、1発でその「隙」を確実に傷つける。細かな鉄の破片が体内に入った敵兵は、興奮している間は痛みも覚えず平気なようでも、少し落ち着いたら、とても従軍は続けられない。後方に退がって治療を受けるしかないのである。

これが敵軍全体に負荷をかけ、敵兵の士気を少しずつ低下させる。

かたや、充填炸薬が多い「重手榴弾」は、装輪装甲車のタイヤを変形させ、戦車の履帯を切り、無装甲のトラックを炎上させ、ミサイル搭載車両を誘爆させる。「遠投」の必要はない。アパートの上階から、街路に投げ落とすだけなのだ。

もちろん侵略者軍は、遠くから有力な火砲を発射して、鉄筋コンクリート製アパートを穴だらけにすることができる。しかし、手榴弾を確実にもっている住民がわずかでも町に残っているかぎり、アパートにはうかつに近寄れないし、まして室内に押し入ることは、ためらうだろう。

いきなり「間合い」を詰めてきて狼藉を働く現代のヴァンダル族をして、ほんらい保護されるべき全住民をリスペクトせしめるのに、住民用の特別なミニ手榴弾や重手榴弾以上に役に立つ武器は、ないはずだ。

正規軍用としての「短所」が、住民自衛用としては「長所」になる

本書はここで、２種類の住民自衛専用の手榴弾の準備を提言する。

そのひとつは、ベトナム戦争中にオランダで、携行個数と投擲（とうてき）距離を最大化する目的で開発され、１９８４年まで製造されて、米軍がイラクの室内戦闘用に２００８年まで使っていた「V40」というほぼ球状のミニ手榴弾を、さらに小さくした「マイクロ手榴弾」。

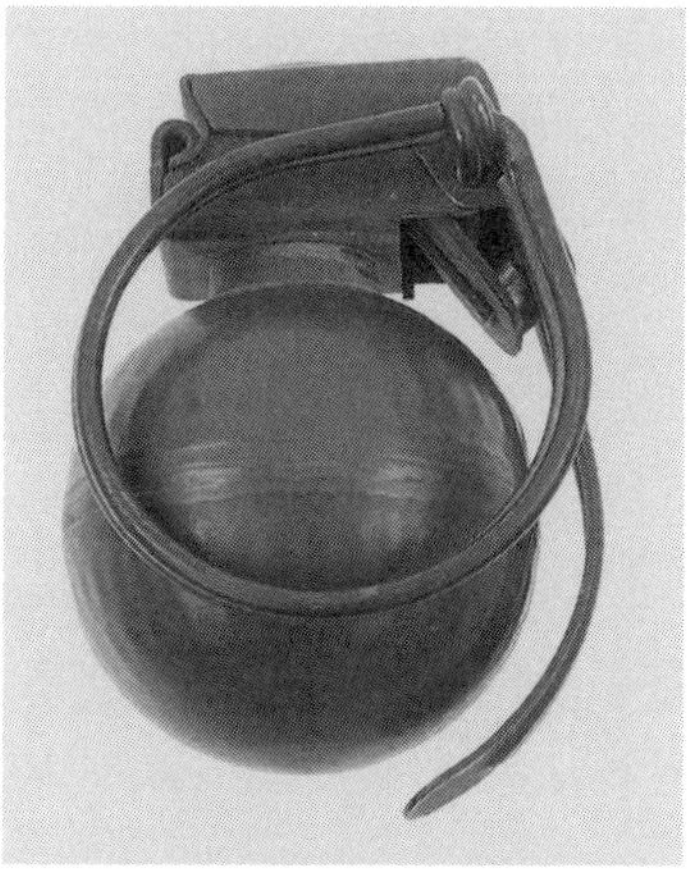

そしてもうひとつは、中共軍が現用している自動小銃の30発入り弾倉と、わざと外見上の区別をつきにくくした、「弾倉状・重手榴弾」だ。

サープラス通販サイトに掲示されているオランダ製の「V40」手榴弾。安全ピンを引き抜くリングは、手袋をはめた指がギリギリ入る内径しかない。(写真／オープンソース)

どちらも、正規軍の装備としては、向かない。
たとえば「V40」は、「対ゲリラ戦において、米軍のM67手榴弾より毀害範囲が狭い」
「野外で投げたときにちょっとでも爆発位置が離れてしまうと敵に十分な毀害を与えられない」と認定されて、製造されなくなった。まして、それよりもさらに小威力な「マイクロ手榴弾」では、正規軍の戦力をほとんど強化してくれないだろう。そんなものを支給されても、兵士のお荷物になるだけだ。

だが立場を変えると、一般住宅の屋内で、侵略兵との「間合い」がゼロのシチュエーションでは、この「小威力」であることと、住宅内や住民の衣類のどこにでも隠すことが容易な「秘匿容易性」が、住民自衛にとってのたいへんな長所となるであろう。

「弾倉状・重手榴弾」も、通常の手榴弾より重い上に、形状が形状だから、まったく野戦で遠くには投げ難い。そのくせ爆発したときの威力はやたらに大きいので、投げた兵隊や戦友も危ない。この短所はしかし、戸建住宅の地下室をめぐる攻防や、アパートの窓から眼下の敵車両に投げ落とす、あるいは敵装甲車の天板に投げ上げる、あるいはタイヤハウスの隙間に突っ込む、という用途に限っては、不利ではなくなる。まさに住民自衛のための、スペシャル兵器だ。

ひとりひとりはスーパーマンでもなんでもない、ただの一般住民が、《Z侵略》が始まった直後、あまねくこうした特殊手榴弾を配布されることによって、集合的に侵略者をたじろがせ、辟易させることができるようになる。

手榴弾による武装自衛の決意が住民にあれば、その住民は、集合的に敵軍から舐められなくなる。

長い目で見ると、これが、反近代圏の侵略常習国に隣接した小国の住民たちを、安全にしてくれるだろう。

隠し易く、携行し易いことが重要な住民自衛用武器

住民自衛用の武器は、「それが敵兵の手に渡っても、敵軍を強化することにはならない」ような特性をもっていることに加え、「隠し易く、携行し易い」ことが、望ましい。

緒戦で台湾本島に着上陸して、空挺堡や橋頭堡から支配拠点を逐次に拡張する過程にある敵軍部隊は、通過して行く土地の住宅や建造物を1戸1戸、注意深く捜索して、屋内や

敷地内に台湾の正規軍人や武装パルチザンが隠れていないか、あるいはまた、貯蔵軍需資材等が隠匿されていないかを、確認しようとする。

もし、家屋や付属の庭に武器・弾薬があることが簡単に分かってしまえば、その住宅はゲリラと関係があると即断され、その家人は念のために皆殺しにされ、家作は焼き払われかねない。したがって住民自衛用武器は、できるだけ隠し易くなくてはならず、この点、手榴弾は、銃火器にまさるのである。

「弾倉状・重手榴弾」は、その扁平な形状から、何かの隙間に押し込みやすい。また、一見して中共軍の自動小銃の弾倉のように見えるから、「そっちの兵隊が残して行ったもので、じぶんたちは知らない」と強弁することもできる。

小球状の「マイクロ手榴弾」に至っては、てのひらの中にすっかり包み込める外形だから、隠す場所にはさらに苦労せぬ。衣服のあらゆるポケットのほか、場合によっては、口の中に入れてしまうことすらできるのである。（もちろん、敵兵の口の中にも押し込んでやれる！）

いままで何の武器訓練も受けたことのない弱者住民にとっても、この単純な兵器が「最後の個人自衛手段」になってくれるであろう。

直径30ミリもない小球状のマイクロ手榴弾となると、もはや占領軍には、住民がこの手榴弾を隠していないかを簡単確実に見極めて安心することが、現実的には、不可能だ。

このミニ手榴弾を探知するには、住民ひとりひとりの身体に金属探知機を近づけるか、全裸にして口を開けさせて目視チェックするしかない。

だが住民はこの手榴弾を、広い街や郊外のいたるところに、隠すこともできる。外出した住民がどこでそれを拾い上げて、ポケットに入れて戻って来るか、知れたものではないのである。

敵兵は、侵略戦争と併行させながら、占領地において、毎日、町のいたるところで、小型手榴弾の念入りな検査をやっていられるわけがない。

ボール状の物体で直径が3センチ弱しかないと、人はそれを掌中にしぜんに包み込むことができる。遠くから見て、手榴弾を握っているかいないかの判断が、すこぶる難しくなる。至近距離まで迫った敵兵に対して、最後の自衛を奇襲的に実行するのに、このサイズが、オプションを最大化するのだ。

必然的に、侵略軍は、「住民皆殺し」を最初から決意するしかないだろう。もしそれを決意できないとしたら侵略戦争そのものを諦めるしかないので、決心の敷居を高められよう。

「民兵」が積極的なゲリラ活動に参加するときには、「マイクロ手榴弾」は、ロシア軍や中共軍の装甲歩兵戦闘車がしばしば備砲として搭載している「30ミリ機関砲」の銃口内部に、押し込むことができる。駐車中の敵装甲車に対して夜間に破壊工作をしかける場合に、備砲を破壊できる（あるいは次に発射したときに腔内爆発によって自壊させる）ようなポテンシャルを手にしていることは心強い。

外径が29ミリであると、たとえば泥などが付着した場合に、内径30ミリの砲腔中にすばやく押し込めなくなるおそれがあるけれども、2ミリの隙間をとっておけば、まずその心配はないだろう。

小球手榴弾をダクトテープなどで棒の先に固定し、安全ピンから長い紐を手元まで伸ばしておけば、ゲリラ攻撃技法は一層、多彩化する。

手製のパチンコや、弓、スリングショット（遠心力を利用する、振り回し式の柔軟な投石具）によっても、小球手榴弾は投射しやすい。体力に自信のない臨時戦闘員でも、多彩な「攻

「戦争弱者」が隠し持ち易いマイクロ手榴弾は、絶体絶命時の究極自衛手段になる。たとえばピンを抜いて敵の襟首に突っ込み、その爆発が敵兵の身体の遠い側で起きるようにしがみついたならば、敵兵の肉体がシールドとなり、こっちは怪我をしない。（イラスト／小松直之）

撃支援」ができるのである。

敵兵の目から見ると、すべての住民が小球手榴弾で武装していると疑ってかかる用心が必要になるので、うかつに略奪・暴行に励むことはもうできなくなる。また、ふつうのゴルフボールやビリヤードボール、ピンポン玉、路傍の小石までが、この小球手榴弾のように錯覚されるから、都市・村落を防禦しようとするレジスタンス部隊は、ホンモノの手榴弾に小石などを混ぜることによって、敵軍を翻弄・威嚇し、疲れさせることが可能になる。

おそらく「手榴弾格闘術」というものはどこの軍隊でも研究したことはないだろうと思う。が、小球状手榴弾の場合、それを研究しておく価値は大きい。

このサイズの手榴弾の破片は、1人の成人の胴体を貫通してその傍らの別の人までも斃すことはできないだろう。ということは、この手榴弾を敵兵の襟首、下半身のポケット、防弾装具の内側などに押し込んで、みずからは敵の胴体の反対側にしがみついていることにより、敵兵のみを殺し、みずからは道連れの爆死を免れるという、近接密着戦闘テクニックが、じゅうぶんに可能だ。

敵は「弾倉状・重手榴弾」の再利用を敬遠する

侵略者が「弾倉状・重手榴弾」を押収しても、それは、お荷物にしかならない。

ベトナム戦争中、北ベトナム軍が南ベトナム領内へ潜入させた便衣ゲリラ（いわゆる「ヴェトコン」）は、弾薬補給がふんだんに得られたわけではないので、戦場に武器や弾薬が落ちていれば、それを拾って回収するのが常であった。

これに目をつけた米軍は、敵が使用する銃器の「箱型弾倉」の底部に数十グラムのプラスチック爆薬と雷管を仕込み、上部には本物の実包を何発か入れて、原野にわざとらしく

写真の中国兵が射撃しているのは81式小銃で、弾薬はソ連の古いAK-47自動小銃と同じ7.62mm。したがって30発入りの弾倉も大きく見える。（写真／中国人民解放軍）

捨てておいた。

　それをヴェトコンが拾って、中に残っている弾丸を取り出そうとしたり、あるいは適合する自動小銃に装着し、初弾を装填しようとするや、「マガジン・フロア」の上下動が引き金となるバネ信管が作動して、弾倉は轟爆。ヴェトコンは大怪我するか死亡するという細工であった。

　このコンセプトはソ連軍にも採用された。彼らは、弾倉を「ブービートラップ」に早変わりさせるための専用キットを開発・生産した。ネジまわしさえあれば、かんたんに内部に取り付けられるのだ。

　１９９０年代後半のボスニア紛争中のバルカン半島に派遣されていたＮＡＴＯ軍将兵に対して、「死体の近くの弾倉は拾うな」「弾倉からタマを抜くのも危ない」という注意が与えられていたのは、そのためである。

その実物は、今次ウクライナ戦争でも、新戦場で次々に発見されている。装薬は35グラムの「プラスチックC4」だ。それを敵中に遺棄するときは、安全リングを引き抜いておかねばならないのだけれども、ロシア兵がうっかりそれを抜き忘れることがあり、それで、見ただけで分かってしまうこともある。

「弾倉状・重手榴弾」は、本来そのような用途を想定していない。にもかかわらず侵略者軍は、そのような仕掛けがきっとあるものと勝手に警戒し、敬遠する。この手榴弾を、侵略者軍が押収しても、どうにもならないであろう。

持ち運び易さ

「マイクロ手榴弾」が持ち運びに苦労しそうもないことは想像容易だろう。

参考までに「V40」型のスペックを記せば、全重136グラム、高さが6・5センチ、球体部分だけだと径4センチあった。ちなみに公式ゴルフボールの直径は43ミリ以上とされている。

「V40」は、「スプーン」と呼ばれる安全レバーの上から握りしめた状態で、もう片方の

広西壮族自治区の武警が構える95式小銃（上）と、空挺部隊の03式小銃（下）は、中国独自の5.8mm 弾薬を用いる。
（写真２枚とも／China Military）

手で安全ピンを抜き、投擲すると、スプーンが外れて４・２秒後に爆発する。

「弾倉状・重手榴弾」は、一般住民が外出時に携行するようなものではない。だが敢えて夜間のゲリラ攻撃にこれを使って参加したいと思ったら、軍用の「マガジン・パウチ」（弾倉入れ）等をそのまま使えるメリットがある。

参考までに、旧ソ連規格のＡＫ－47自動小銃用の鉄製弾倉は、30発の実包が入って、１個が９２０グラムである。

手榴弾の炸薬は、外力に対しては比較的に「鈍感」なものが充填されている。すなわち、敵の小銃弾がヒットしたくらいでは、まず誘爆したりしない（雷管部分に命中した場合はその限りではないが）。

このおかげで、「弾倉状・重手榴弾」を多数さしこんだ「弾帯ジャケット」は、あたかも軽易な「防弾鎧」のようにもなる。低速で飛来する鉄片や高速で飛来する礫片・ガラス片などから、その着用者の体幹を保護してくれそうな安心感を、与えるかもしれない。

いっぱんに「重手榴弾」とは、その威力が、投げた兵隊にとっても危険なほどに大きいものをいう。充填炸薬量が２００グラムにもなれば、もはや「重手榴弾」の範疇と考えていいだろう。旧ドイツ軍の「ポテトマッシャー」とあだ名された、木柄付きの手榴弾の炸薬量が、１７０〜２００グラムであった。旧日本軍の径50ミリの「重擲弾筒」から発射した専用弾薬「89式榴弾」だと、炸薬は１５０グラムのＴＮＴであった。

手榴弾の全重が５００グラムを超えれば、遠くに投げることはむずかしくなるため、破片の飛散範囲を考えると、ますます野戦での使用は危なっかしくなる。が、陣地戦や、市街戦になったら、こういう手榴弾がたのもしい。投擲者と敵兵との間には「壁」や塹壕の盛り土などがあるおかげで、破片は投げた本人を傷つけることはない。そして敵兵に対しては圧倒的な殺害力を発揮してくれる。

参考価値のある「ホーキンス手投げ爆薬」

第二次大戦初盤の１９４０年6月、フランスに派遣されていた英国陸軍部隊は、ダンケルク海岸にすべての装備を捨てて、英本土に撤退してきた。すぐにもドイツ軍は、英本土に上陸してくると懸念された。

大至急、手投げ式の対戦車擲弾（てきだん）を急造することになった。

多種が提案された中で、「これは優れている」と評価され、戦後の１９５５年まで廃棄されずに軍の倉庫にストックされ続けたのは「ホーキンス手投げ爆薬」だ。

ケースは鉄板製。外形は扁平なウィスキー瓶に似ていた。

全重は１・36kg。充塡炸薬はＴＮＴ相当の代用爆薬が９１０グラム（一資料は４５０グラムとする）。

これはつまり、当時の英国男子が、ドイツ戦車に肉薄して投擲できそうな擲弾の重さは1kg強であると考えられたことを意味する。

信管に工夫があった。昔の触発式繫維機雷の「触角」の中に入っていたと同じガラスアンプルを、投擲の直前に挿入するのだ。このガラスが、戦車の踏圧や衝突衝撃などによって割れると、アンプルに封入されていた薬液が洩れてケミカル反応を起こし、轟爆する。

アンプルを分離しておきさえすれば、貯蔵中や輸送中に爆発することがない。すなわち安全であった。

アンプルの代わりに、工業用雷管や、導爆線をつなげても、起爆は可能だ。その場合は、仕掛け型の爆破薬となったのである。

扁平なので結束爆薬にもしやすい。何枚か束ねれば、中戦車でも破壊できたという。

家屋の壁に穴を開けるのにも用いられた。

「マウスホール」を開ける「発破」代用爆薬として

ロシア軍のようにまず戦車砲で遠くから容赦なしにアパートを射って崩壊させてしまう戦法をさいしょから採ることのできる《Ｚ侵略》軍に対しては、防衛軍が、集合住宅レベルのコンクリート建物内を市街戦の拠点陣地化しようと図るのは無駄であるかもしれない。しかし、台湾に着上陸したばかりで戦車を伴っていない段階の中共兵に対しては、鉄筋コンクリートの建物内から火力反撃する戦法は、まちがいなく有効だろう。

都会によくある「カーテンウォール」構造の華奢なビルだと、ほとんど防弾の足しにはならず、却って落下するガラス片で守備兵が怪我をするのがオチであろう。けれども、公共の建物などが採用している、太い鉄骨や鉄筋が入っている頑丈なＲＣ構造（コンクリート流し込み）で、中層以上のビルならば、市街戦のとりあえずの拠点陣地として、強度は十分だ。

そのさい、建物内外の移動や補給、連絡、最後の脱出口として、部屋と部屋の間はもちろん、１階部分の外壁にも、守備兵が通り抜けられるだけの大きさの「穴」を臨時に穿（うが）っておく作業は、必ずしなければならない。これは正規軍においても市街戦での鉄則だ。

「マウスホール」（ねずみ穴）と呼ぶ。

マウスホールなしでは、頑丈な部屋や建物が、そのままレジスタンスの墓所になってしまいかねないから、もし住民が武装抵抗すると決心したのなら、ただちに「マウスホール」の準備にもかからなければならない。

頑丈なアパートの外壁に、大急ぎでマウスホールをあけたかったら、火薬類を使うしかない。

しかし、住民が気付かないタイミングで敵兵がやってきてしまうかもしれない現代戦で、全住民に対する適切な発破薬の支給が、事前に行き届く保証はない。

このギャップを埋めてくれるのも、「弾倉状・重手榴弾」なのだ。

脱出ルートが確保されていればこそ、民兵や現役兵も、ギリギリまで市街戦が続けられる。

コンクリート壁に脱出路（交通路）を開ける道具がなく、最初から《袋のネズミ》状態では、平均的な弱者住民や民兵の抗戦意思は、とうてい長続きはしないだろう。敵は、戦車をすぐに揚陸して来られなくとも、各種のサーモバリック兵器で、ビル内の掃討ができるからである。

手榴弾の炸薬量はどれくらいあるか

わたしたち現代日本人が「手榴弾」と聞くと、アメリカ軍が先の大戦中に野戦で多用し、戦後の陸上自衛隊でも採用した、表面の滑り止めブロック模様がパイナップルを連想させる「マーク２」型をイメージすると思う。この手榴弾は全重が６００グラムで、中にＴＮＴ炸薬が52グラム入っていた。

その後、米国内で量産される手榴弾は「Ｍ26」型破片手榴弾（全重４５４グラム、コンポジションＢ炸薬１６４グラム）となり、さらに１９６８年からは「Ｍ67」型破片手榴弾へ、中軸が切り替わっている。

「Ｍ67」は外形が、小さいリンゴのように丸い。これを米国では「ベースボール形手榴弾」と称することもある。全重は４００グラムと軽くなり、しかしながらその内部には１８０グラムのコンポジションＢ炸薬（ＴＮＴとＲＤＸの混合物）が塡実されている。つまり爆発威力は第二次大戦中のパイナップル手榴弾の３個分に匹敵するわけだ。

これを兵士は35ｍくらい投げることが想定されている。ということは、その距離では、

弾倉状の重手榴弾は、野戦では投げにくい。また、それが放置されていたら、ブービートラップと区別がつかない。よって侵略者は活用できない。まさに都市ゲリラのための特殊爆薬だ。クレイモアの代用にもなる。（イラスト／小松直之）

爆発破片が、投げた本人を傷つけることはないように設計されているはずだ。

２０２２年のウクライナ戦争にさいし、米国から早々と７５００発がウクライナ軍へ供給されたのも、この「Ｍ67」だった。

単価45ドルほどの手榴弾すら、ウクライナ政府は、ロクに準備をしていなかったのである。プーチンをして「こんな国はすぐに占領できる」と思わせた事情も、少しばかり想像がつくだろう。

２０２２年４月にブリヤンスク地方のロシアの鉄道を爆破する工作に

使われたのは、「ＳＺ－６」というロシア設計の爆破専用器材で、これには５・９kgのＴＮＴ炸薬が充塡されているという。外形は、鉄道レールの内面にピタリと貼り付けられる長方体となっている。

ここから考えると、「弾倉状・重手榴弾」を何枚か重ね合わせてひとつの爆薬のようにすることで、住民レジスタンスは機動的に道路の橋梁等を破壊することも可能だろう。

小球状の「マイクロ手榴弾」にせよ、「弾倉状・重手榴弾」にせよ、硝酸アンモニウムと軽油入りのドラム缶などを使った、より大規模な「ＩＥＤ」の起爆装置（コア・デバイス）にすることができる。

高性能炸薬が２kg以上もあれば、それを天板に密着して爆発させたときに、装甲車を確実に小破させられるだろう。しかし、住民自衛用の武装を考えるときに、あまり「攻撃力」を欲張るのは禁物だ。だいたい２kgもの重量をＡＦＶに近寄ってその天板に投げ上げるなどという動作は、熟練の現役歩兵だけが為し得るもので、一般住民にそれをさせようという発想そのものが不健全だ。返り討ちに遭うのはまず必至である。

「ＡＫ－47」の弾倉サイズの、扁平な手榴弾は、転がらない。だから、傾斜がついている戦車の砲塔にも、ヒョイと載せてやりやすい。成形炸薬ではない数百グラムていどの爆薬で、戦車の天井装甲を破壊することはできないけれども、視察装置、照準装置、通信装置、車載機関銃の機能を奪うことはできる。そして内部の乗員は、とても冷静ではいられなくなる。

弾倉型手榴弾をＡＦＶの上面に投げ上げられるほどに人が近づくということは、それをタイヤハウスや、転輪と履帯の隙間などに押し込むこともできるということだからである。

簡易「クレイモア」としても使える

村落や都市郊外に侵略軍が進駐すると、その兵士たちは、夜間の砲撃等から安全な地下室に分宿しようとして、各戸の地下室から住民を追い出そうとする。ウクライナでは、脅かしに手榴弾が使われた。

もし住民が、他に避難する場所がないなどの理由から、その地下室をどうしても必要としている場合、そもそも敵兵が家屋の中に入ってこられないように、道路から家の庭、屋内に至る随意の場所に「仕掛け爆弾」を置いて、敵兵に接近を諦めさせねばならない。

電気雷管の挿し込みポートをひとつ余計に設けておくことで、「弾倉状・重手榴弾」は、いつでも「有線リモコン式爆薬」に機能を変えることができる。

点火ピンを引き抜いてから「4秒半」で轟爆を起こさせる固有の「起爆管」とは別に、この《弾倉状爆薬》を2枚以上集合させて高威力化させるときに、殉爆を確実にさせるための「第二の起爆管」として、導爆線や電線で作動する鉱山発破用の工業雷管を外から差し込める穴も設けておく。もちろんこの穴はふだんは防水蓋で塞がれているのだ。

必要に応じ、この「差し込み口」を活用することによって、《弾倉状爆薬》は簡単に、遠隔視発式のＩＥＤになる。

橋梁等を爆破するデモリッション手段にもなるだろう。

西側諸国軍が遵守している「対人地雷禁止条約」は、視発式（スイッチを入れる者が遠くから見張りながら起爆させる仕組み）の「リモコン爆弾」の類を禁止しない。

地面に設置して、水平方向に100ｍ以上も多数の鉄球を飛ばして、扇状に面制圧する、ホンモノの「クレイモア爆薬」のような威力こそ期待はできないものの、建物の外壁、あるいは農場の柵や石垣に沿って、この「弾倉状・重手榴弾」を立てかけて植生などで覆い、そのさいに手榴弾の敵側面にボールベアリングを詰めた袋を貼り付けておけば、視発式の簡易な対人IEDになってくれるであろう。

ウクライナからの生々しい証拠写真が教えるところでは、侵略者軍は民家をしばらく占拠したあと、そこから立ち去るときに、念の入った厭がらせとして、「F1」手榴弾を加工したさまざまな「ブービートラップ」（罠爆弾）を仕掛けて行く。住民は、その庭から寝室から台所まで、家じゅうを爆弾だらけにされてしまうのだ。

だったら侵略者の先手を打ち、住民の側で自宅を爆発物だらけにし、侵略軍兵士がそこに分宿しようなどという気を起こさせないようにするのが、集合的な見地から、防御側国民の安全を増すことにつながる。

侵略軍側は、住民を皆殺しにするのか、侵略そのものを諦めるかの決心を、さいしょから迫られる。それによって、侵略企図の心理的な「敷居」が、敵国の最上層部において高くなるからだ。

「住民は自衛しない」と思わせてはならない。そう思わせてしまったことが、チェチェンやジョージアやウクライナの侵略を招いた。

国家指導部の方針として、隣国都市を完全に破壊し、侵攻部隊が民間人を一箇所に押し込めて私人の住宅に分宿し、財物略取、気まぐれ射殺、斬首、焼殺、婦女暴行をほしいままにし、移動する際にはブービートラップや対人地雷を置き土産として残し、のちに戦争犯罪の証拠を隠滅するために子どもを含む住民を分散的に自国の僻地に強制移住させるといったジェノサイド戦術を平然と遂行できる、反近代主義諸国（ロシアや中共などが含まれる）に隣接する諸国としては、平時から《シームレスな住民自衛》の準備が、装備の上で担保されている必要があるのだ。

さもなくば、「住民脅迫」「住民攻撃」が侵略者の有利なオプションとなってしまい、却って侵略開始の誘引になってしまうのである。

なお、敵軍が立ち去ったあとの町村では、不発弾や余った爆薬の処分という、危険作業も待っている。「弾倉状・重手榴弾」の予備雷管ポートは、土砂に埋まってしまっているような状態の爆薬を、手早く処理することも可能にする。

戦後復興も、多少は、はかどるはずだ。

シリアルナンバーは必要である

手榴弾のような、部品の構成要素がすくなく、素材がありふれていて、機構もシンプルな武器・弾薬類は、わざわざ日本国内で量産して、被侵略事態が切迫している現地の国まで輸送することが、経済的ではないこともあり得る。だが、当該援助相手国が台湾である場合、日本国内から直送しても特段の不都合はない。

炸裂して生成される破片の多くに、ミクロスケールで「シリアルナンバー」を打刻しておくようにすると、万一これらの手榴弾が援助対象域外へ不正流出した場合、そのルートを究明する手がかりになるであろう。戦後の回収を可視化するのにも便利だろう。

住民武装用の比較的無難な「バーミント猟銃」

《Z侵略》を受け、敵軍がなだれこんできた地方の一般の住民（自宅に残留している高齢者・女性・児童）が、その自宅を「砦」として、銃器類を用いて「自衛」戦闘しようとしても、まず、うまくいかない理由は、すでに述べた。
その武器が、かりに、機関銃、大威力の対物狙撃銃、はたまた、対戦車ロケットランチャーであったとしても、同様だ。攻めて来る側は、軍隊の「組織戦闘力」を発揮する。それに個人で対抗できるものではないのだ。まして民間人の住居は「防爆」構造でも「耐爆」構造でもない。

ならば、侵略を受けて開戦早々に敵軍によって占領される可能性のある地方の住民が、個人所有の「銃器」を、レジスタンス活動のために役立てられる可能性はゼロなのかといえば、もちろんそんなことはない。「自宅から応戦する」という考え方を捨てさえすれば、レジスタンスは有効に侵略軍を苦しめることができる。

たとえば、平時の害獣駆除用の「バーミント・ライフル（Varmint Rifle）」で、最小威力のカテゴリーだといえる「.22」口径のピストル用実包を用いる猟銃には、戦時下でも有利と思われる長所がある。
まず、それは畑を荒らすカラスや兎を仕留めるのが本来の用途だが、スコープ照準器が標準で付いているおかげで、夜間でも敵兵の顔面――防弾されていない急所――を狙いやすい（大口径のレンズには集光作用があるので）。

また、「.22」口径の拳銃実包は、消音器なしでも発砲音が比較的にマイルド。オリンピックの射的競技でも使われている弾薬だから、テレビからもその感じが知られるはずだ。その銃口に、ペットボトルに穴を1個あけただけの自作の消音器を取り付ければ、さらに発射音を抑制することができるのである。


じっさい、90年代のチェチェン紛争で、住民ゲリラが活用できたのが、このカテゴリーの「消音改造型バーミント・ライフル」であった。

チェチェンでもウクライナでも、露兵は、家宅捜索した家に武器がひとつでも見つかれば、その家人を皆殺しにしてしまう。そうしないと、後ろから射たれる懸念がずっと脳裡を去らず、休憩もできかねるからだ。中共兵もパルチザンには容赦がないだろう。

だから、住民は、もし銃器を私有している場合には、それを、屋外のどこかへ隠しておかなくてはいけない。

そして、露兵が自宅に分宿している場合はどうしようもないが、そうでない場合は、夜、自宅をこっそりと抜け出し（なぜなら占領軍は戒厳令を布くのが普通で、夜間の外出者はそれだけでゲリラ認定される）、野原の隠し場所からこの軽量なバーミント・ライフルを掘り出し、市街へ潜行し、露兵の動哨が通るのを待ち伏せて、顔面を狙って射殺。すぐまた野原に戻って武器を隠し、自宅へ戻る――。

こんなパターンのレジスタンス活動だけが、チェチェンでは可能であった。

大きな音がする高性能銃では、侵略軍兵士の仲間がすぐに遠くから集まってきてしまうだろうし、かさばるから、隠すのもたいへんだ。目立たないように運搬するのも難しい。非力なバーミント・ライフルはその点、臨時の民兵による「隠密な狙撃」のチャンスを増やすのである。

大きな高層アパートが半ば廃墟化した大都市では、アパートの部屋そのものを「サイレンサー」とすることができるから、強力な高性能銃による狙撃も、レジスタンスにとっての有利なオプションになり得る。

大原則がある。市街戦では、窓からはぜったいに銃身などを突き出してはならない。それは遠くから目立ち、敵軍はその窓に８００ｍ以上先から戦車砲弾を正確に撃ち込むことができる。８００ｍも離れていれば、高性能狙撃銃であっても、用心している敵兵を斃すのは難しい。一方的にやられるだけになってしまう。

窓からはじゅうぶんに銃口を引っ込ませて、敵兵から発見されないようにして、遠くの敵兵を狙撃できるならば、発射閃光も発射音響もマスクされるので、レジスタンスの生残性を高める。

ロシア軍（や中共軍）は、レジスタンスが拠点にしているとわかった町を、まるごとガレキの山に変えるくらいの砲爆撃を加えるという戦法を、ふつうに選択することができる。そうなると、使える「アパートの部屋」など物理的に存在しなくなってしまうわけだが、街全体がそうなるまでには、開戦から「23日間」以上が経過しているであろうから、防御側に必要な「時間」はじゅうぶんに稼いだといえよう。

強力な銃だと、即「ゲリラ認定」されてしまうのでマズい

たまたま敵兵の検問や巡視にひっかかり、猟銃をどこかに隠す前に、それを運搬しているところを見咎められてしまった――。そんな場合を想像するとよい。

もし、8・6ミリの「ラプア・マグナム」だとか、「.30‐06」軍用弾を発射する「M‐14」の改造猟銃だとか、そんなゴツいモノを所持していて、「これはカラスや猿を追い払うためのオモチャ銃なんですよ」と申し開きしても、「そうか。行ってよし」と聞き届けられるわけがない。その場で「スパイ」「反乱分子」に認定されて即決銃殺されてしまう

確率が高いであろう。本人だけでなく、たまたま同行していた家族や知人まで、巻き添えで拘束されずには済むまい。

これがたとえば北欧であったなら、熊や猪や狼といった大型害獣から自衛するために必要なのだという言い訳もなりたつかもしれない。しかし、せいぜいが山羊、野犬、眼鏡蛇（台湾コブラ）というラインナップの台湾本島内では、バーミント・ライフル以上の猟銃を所持する必要性が客観的に希薄なのだ。

鳥猟であれば、散弾銃の一択。

しかし散弾銃は消音ができないし、近距離でしか対人威力がない。スラッグ弾を使っても、軍用の防弾ヴェストで簡単に止められてしまう。銃身や銃床を切り落として短かくすれば、どこから見ても、カタギの持つ銃砲ではあり得ない。

戦時の住民自衛火器としては、散弾銃は、不利なことのほうが多いであろう。

「火焔瓶」をつくるヒマがあったら、野原に穴を掘れ

22年の2月から3月にかけてウクライナの都市民は、窮余の策として、レール鋼などを短く切ってピラミッド状に熔接した拒馬（ロードブロック。英語ではCzech hedgehogと呼ぶ）

や、ガソリンに発泡スチロール樹脂を溶かし込んで可燃液体の粘性を高めた火焔瓶を、かなりの数、急造した。

しかしそのどちらも、侵略者軍隊が町に入ってくるのをためらわせることはなかったし、敵兵が住宅を1軒1軒捜索して、安全な地下室から手榴弾の脅しによって住民を追い立て、そこをじぶんたちのねぐらにするのを阻止する役にも立たなかった。火焔瓶攻撃で炎上させられたという戦車も1台も報告されていない。

ウクライナ政府が全国の住民によびかけて、そうした前時代的な「道具」を手作りさせた政策は、軍事的には的はずれであった。

ただ、あの段階では、激しく動揺しているはずの首都などの銃後の人民を心理的に結束させる必要が、政府には特別にあった。火炎瓶作りなどの作業は、市民がお互いの顔をみて抗戦気運を確認し合うのには役立っている。政治的には意義があっただろう。けれども、最前線の自治体住民にとっては、それによって貴重な「時間」が無駄に使われてしまったかもしれない。

あのようなとき、理想を言えば、住民たちは、自宅からは離れた、野外の目立たない場所に、家族退避用の「あなぐら」を、掘るべきであった。

ウクライナでは、都市住民も、中産階級以上ならば、郊外に小面積の畑と小屋を所有している。もっと貧しい階層の都市民のためには、都市に近い幹線道路の両側の緑地帯などを、臨時にいくらでも使わせるべきであろう。

農業大国のウクライナは、土地の広さにだけは、じゅうぶんすぎるほどに恵まれている。大都市の市街でも街路は広々としている。その下には、無限の未活用スペースがある。

天与の遍在資源をまず最大限に有効活用するのでなければ、とても国家総力戦の推進はおぼつかない。「秘密の地下壕」や「秘密の地下貯蔵所」は、いちばん恵まれている資源(=土地)を、住民の安全と、抗戦基盤の強化のために直接、転化することになったはずであった。

20世紀の中国人やベトナム人には、迫る戦禍を見越して、備蓄できる形の飲料水や食糧を、戸外のあちこちの地下に、分散的に埋設・隠匿する知恵があった。その入り口は、人間一人がギリギリすべり込める大きさしかなく、蓋を閉じると、周囲の地面とは何の区別もつかない。

平時専用の物置きやワインセラーではないのだから、入り口が敵軍から見てすぐに分かってしまうようでは、どうしようもないのだ。こんな知恵を、彼らは歴史的に蓄積し洗練してきた。

現代の台湾人に、この知恵がないとは思えない。万一、なかったら、ベトナム人に尋ねればいいだけなのである。

第8章

ウクライナの戦況の変化と台湾情勢

「ハーピィ」の代用機能を「HARM」が埋め始めている模様

本書は、現在進行中の戦争を説明しようとしているので、最後の章は、「予想」によってしめくくらなくてはならない。

22年8月上旬、どうやらウクライナ空軍の「ミグ29」戦闘機が、地上のレーダーを破壊する専用のミサイルである「HARM」を空中から発射して、ロシア軍の防空ミサイル・システムを次々に破壊しているらしい——と、外野の戦況分析者たちが騒ぎ始めた。

HARMは1983年に完成した米国製の空中発射式ミサイルだ。ロケット・モーターによって超音速の前進モメンタムを与えられ、あらかじめロックオンした地上の電波輻射源、すなわち敵の「対空レーダー」に向かってホーミングする。

NATO空軍がコソヴォ紛争に介入した1999年、このミサイルでセルビア陸軍（装備はまったくの露式）のSAMユニットを撲滅しようとしたところ、セルビア兵は、対空レーダーを一瞬だけ使ってはすぐに停波するというテクニックを編み出して、HARMを狭猾に失中させた。

そこでメーカーのレイセオン社は、攻撃目標の敵レーダーが早々に停波してしまった場合でも、輻射源の座標を母機およびミサイルのほうでしっかりと記憶しておき、ＧＰＳならびに慣性航法チップを頼りに飛翔コースを維持し、是が非でも命中させてやるという新機能をＨＡＲＭに付与した。

射程が１５０㎞におよぶ、その改善型は２０１２年から量産に入って、２０１４年には輸出専用モデルもできた。それが今、ウクライナ空軍に手渡されていると考えられるという。

8月19日、米国務省は、数量には触れずに、このＨＡＲＭも、ウクライナ軍への援助武器の中に含まれると発表。同月末には、ウクライナ軍の「ミグ29」からＨＡＲＭを続けざまに2発打ち出す、コクピット視点の宣伝動画も、ＳＮＳに投稿された。

ただ外野の専門家は依然とまどっている。「ミグ29」戦闘機には、この新型のＨＡＲＭのために地上のレーダーを探知する「ＨＴＳ」というターゲティング・ポッドが、そもそも付いていない。いったいそれで、どのようにしてＨＡＲＭの照準を定めているのか？

専門家たちの推定はこうだ。

ＨＡＲＭじたいを「探知センサー」にするモードを、使うのだろう、と。

「ＨＴＳ」に比べるとその最大探知距離はずっと短くなり、母機が低空で飛んでいる状態ではおよそターゲットまで50㎞以内に接近しないとロックオンはできないらしい。が、おそらく出撃の前にＮＡＴＯの衛星情報やＡＷＡＣＳ情報によってロシア軍のＳＡＭシステムの布陣が詳細に教えられるゆえ、支障はないのであろう。

そして、この運用スタイルでも欠かせないはずの、コクピット内の表示機材と、翼下に吊るしたミサイルを結ぶ信号ケーブルの配線方法は、米空軍からリモートで指南がなされているのだろうという。

さらに専門家によると、低空対地攻撃のスペシャリストである「スホイ25」からも、この流儀でよければ、ＨＡＲＭは発射できるはずだという。

ということは、「スホイ25」よりも対地攻撃機としては大型な――ただし米空軍としては旧式の単能機ゆえにはやく御払い箱にしてその整備資産（殊に熟練整備兵）を「Ｆ－35」部隊のために集中したくてしようがない――「Ａ－10　サンダーボルト」を、このさいウクライナにくれてやってはどうだという米国内の軍事マニアの思いつきにも、俄かに、検討価値が生じてくるわけだ。

地元産業利権第一の連邦議員たちが猛反対するせいで米空軍は、いまや軍事的有用性が劣るこの「A－10」をいつまでも退役させられず、困っている。米国の「軍備に関する議会統制」の、最もいびつな一面である。

ウクライナにとっても、軍事的合理性を第一に考えるなら、有限の稀少資源である若い戦闘機パイロットは、全員「F－16」戦闘機を操縦できるように米国で再教育してもらうことが、ウクライナ軍の対露抑止力をいちばん効率的に強化し、かつまた、ロシアを相対的に弱めてやる結果につながる。「F－16」は空戦と対地攻撃のどちらも得意な万能機だからだ。

じっさいルーマニア空軍は、NATO加盟と並行して、優秀なパイロットにそれまでの「ミグ21」戦闘機を捨てさせ、空軍の主力機を「F－16」で更新した。ゆくゆくはその「F－16」は「F－35」へステップアップして行くはずである。

米国政府およびペンタゴンとしても、ウクライナ空軍に、ルーマニア空軍と同じ道を歩ませたいと念願しているであろうことは確実である。

トルコ軍のF-16C戦闘機に搭載されている三種類のミサイル。いちばん太く見えるのがHARMだ。じつは、これと同じような機能の対レーダー用の空対地ミサイルを、今ではトルコや中共でも国産ができている。それを考えても、防衛省の陸上固定基地式ミサイル迎撃システム「イージス・アショア」の日本海岸展開プランは、筋の悪い思いつきだった。(写真／パブリックドメイン)

さて、ウクライナ戦線にHARMが持ち込まれてから数週間にして、また「TB2」が陸上で暴れ始めた。「TB2」による対地上爆撃の動画らしいSNS投稿が、見られるようになったのだ。

これは、わかりやすい因果関係だ。

2020年のナゴルノカラバフ戦争では、対レーダー用自爆機の「ハーピィ」「ハロプ」が敵SAMを沈黙させてくれたおかげで、「TB2」は悠々と高空を飛んで、敵戦車狩りに集中できたのである(詳細は『尖閣諸島を自衛隊はどう防衛するか』に譲る)。しかし、

22年の8月以前のウクライナ戦線では、この「ハーピィ」「ハロプ」やその同格機が存在しなかった。だから、「TB2」は陸上では、ロシア製SAMの餌食になってしまっていた。

その形勢が変わった。HARMが「ハーピィ」の不存在の穴を埋めたのだと考えていいだろう。

もし米国がこれからHARMを大量に供給すると、いよいよロシア地上軍の頽勢は、覆うべくもなくなるはずだ。

最新型のHARMの調達費は、1発126万ドルと言われている。

ドローン駆除の切り札も投入される見通しに

22年8月24日はウクライナの独立記念日だった。それに合わせて米政府は、29億8000万ドルの追加武器援助を発表した。あらためて米国の資力には瞠目させられる。

そのなかで注目したい新兵器アイテムは「VAMPIRE」だ。4連装のコンテナー・

L3Harris社が開発した簡易対空ミサイルのVAMPIREは、プラットフォーム車両を選ばない。市販のどのピックアップトラックにも、このようにシステムを搭載することができるのだ。(写真／L3Harris社)

ラーンチャーに、射程1000m、径70ミリのロケット弾が4発入っている。それが、レーザーで少し誘導できるように頭部を改造されているのだ。別に、ボール状の捜索&照準ターレットがあり、その伸縮光学マストと首振りラーンチャーを、ウクライナ民兵のピックアップトラックの荷台にガレージで工事して固定する。それだけで、ドローン撃墜用としては侮れない、近距離専門の簡易防空ミサイルシステムができてしまうものだ。

MANPADSと違って、標的が高速で激しく機動していたりすればおそらくは追随はできないと思われるが、そのへんの性能を妥協したことにより、1発のコストがじゅうぶんに低い。

つまり、ロシア軍が飛ばしてくる「量産型オルラン－10」を撃墜し続けても、経費の消耗競争の上で、こちらの足が出てしまうという不利に陥らなくて済むのだ。

かたやロシア軍側には、「ＶＡＭＰＩＲＥ」の同格品は存在しないから、ウクライナ民兵が飛ばす安価な偵察ドローンを駆逐したいと思ったら、いちいち高額で貴重な車載ＳＡＭやＭＡＮＰＡＤＳを発射するしかない。それら本格的ミサイルの補給は、「集積回路チップ飢饉」を自前の製造プラントで解消できぬ彼らには、持続不可能である。

まもなくして、広大な戦場の上空を、ウクライナ軍側のドローンだけが埋め尽くす、「ドローン制空」という新現象が、現出するのではないかと予想できる。われわれは、また新しい戦争を、目撃するだろう。

早くも《デカップリング後》の手廻しにぬかりがない台湾企業

台湾の「ドローンヴィジョン」社は、60ミリ迫撃砲弾を８発、立て続けに投下できる《爆撃型クォッドコプター》を今年になって完成させた。商品名を「リヴォルヴァー８６０」といい、８月の報道によれば、これをポーランドが８００機購入して、ウクライナ軍へ寄贈するという。

そこで気になるのが、そのドローンを製造するのに、幾分かは中共にあるサプライヤーからパーツを取り寄せる必要があるのではないか——との疑念なのだが、おそらく台湾では、そうした機微な製品については、鋭意、中共のサプライチェーンとの「縁切り」政策を、進めているところではないかと想像できる。

むろんこれは、米国政府の壮大な長期指針、「米中デカップリング」（2つの市場を一切連動させなくする。中国市場と無関係な米国市場を完成して成長させる）に合わせた産業戦略だ。

じつは、台湾からはすでにウクライナに向けて、「ＥＶＯＬＶＥ　２」という空中撮影に特化したクォッドコプター（スペックはＤＪＩの軽量な主力商品とはかぶらない）も10機、援助されている。なんと、それを製造している「ＸＤｙｎａｍｉｃｓ」社の工場は、米国内にある。つまり同社は台湾企業ながら、さいしょから米国市場だけを相手にし、「北京筋からのいかなる影響も及んではおらず、中共製の部品も一切使っていませんよ」というポジションを、米国消費者に向けて明瞭にアピールしているわけだ。

近い将来、米政府やＦＡＡ（連邦航空局）が「ＤＪＩ製のドローンを米国内で飛ばすことは禁ずる」といった、《機微な分野での中共サプライチェーンとの縁切り》を指向した武断的施策を打ち出す可能性も、多くのハイテク・メーカーはひそかに予期しているのであろう。

台湾企業は、国際貿易環境のそんな大変化にも適応して生き残り、あまつさえ、米国市場の一挙席捲も狙いたい意欲満々なのだろう。

22年8月2日午後、同じカリフォルニア州が選挙地盤ながら、中共を批判する姿勢では副大統領カマラ・ハリスとは段違いに確固としたところのある、ナンシー・ペロシ米連邦下院議長（民主党）を乗せた特別機が、マレーシアのクアラルンプール空港を離陸し、中共が南支那海上に設定したＡＤＩＺ（防空識別圏）を迂回して太平洋側を北上。21時45分に、台北市の松山空港に着陸した。

1泊2日の台湾滞在中、ペロシ議長は台湾政府要人の他、世界最大級のハイテク集積回路メーカー「ＴＳＭＣ」の会長と面談するなどした。

中共は、もしペロシ氏が訪台しようとすればその飛行機を撃墜するといった常軌を逸した脅しをインターネット上でさかんに展開させていたのだがけっきょく何もできず、くやしまぎれにペロシ氏が3日夕方に台湾を去った翌日の8月4日から、台湾本島の囲りで騒々しく飛行機やミサイルを飛ばした。

それに対して8月28日、イージス巡洋艦である『アンティータム』と『チャンセラーズヴィル』の2隻（どちらも横須賀が母港）が、中共が一方的に領海だと宣言している台湾海峡をいつもどおり粛々と示威通航して、中共軍の脅しはほとんど口先だけであることを、念入りに天下に見せつけている。

中共は、ペロシ訪台に対する経済制裁を加えるとも怒号して、台湾産の柑橘類やら水産物も禁輸させた。だが、そもそも中共の輸入食糧に占めている台湾産品の割合は0・23％にすぎない。まったくの「ナンチャッテ制裁」で、工業品、殊に日々おびただしく輸入しているTSMC製の半導体には、何の輸入制限も課すことはできなかった。

それもそのはず、もしも台湾製チップが手に入らなくなれば、携帯電話やドローンなど、中共が世界じゅうへ輸出している工業製品のほとんどが完成できなくなり、輸出産業じたいが崩壊してしまう。国内市場向けの自動車も造れなくなるし、中共軍が必要としている兵器類も製造できなくなってしまうのである。

つまり台湾海峡において、もしも本格的な武力衝突事態が発生すれば、台湾から大陸への集積回路の搬入が自動的に止まるから、中共はただちに今のロシアと同じ「チップ飢饉」の苦境に陥ってしまうわけだ。

ＴＳＭＣ製のチップに依存しすぎているという問題は、米本土の兵器産業とて例外ではない。だからアメリカ政府と議会は、戦略部品である高性能集積回路は、これからは米本土内の工場で製造させるようにする――という趣旨の法令や予算を整えた。

とはいえ、大規模な半導体工場は１年や２年で建設できるものではない。とうぶんのあいだ、中共軍は、台湾のＴＳＭＣ工場をミサイルで破壊することによって、そのチップがどこにも輸出されないようにしてしまうオプションを握る。

先端的ではないグレードの集積回路については、中共国内にも製造拠点が増やされつつあるから、台湾が焦土と化したあとは、米本土内のチップ工場群と、中国大陸内のチップ工場群が、それぞれデカップリングされた市場の需要を、満たすことになるだろう。

あとがきにかえて

本書では論ずる余裕はありませんでしたが、今次のウクライナ戦争は、「風が吹けば桶屋が儲かる」式に、わが国のこれまでの環境政策を急変させていく端緒になるだろう――と、わたしは予感しています。

西欧諸国がロシア産の天然ガスと原油の輸入を止め、新規に膨大な量のエネルギーの購入先を他に求める結果として、世界の化石燃料市況は、わたしたち日本人の生活を苦しくする方向に、これから動くでしょう。

「エネルギー高」がもたらす総合不況から日本経済を守るためには、輸入燃料にはもうまったく依存しない安定電源《水力》への大投資が、窮境打開の鍵になるかもしれません。ただし、ダム湖の下に現住集落を水没させてしまうような昔流の峡谷開発では、いまどき誰も支持しないでしょう。

それならば、どうするか？

積雪が多い地方の標高の高い山系中のあちこちに、すり鉢状の「雪貯め池」を大規模に開削・造成して、その雪解け水を導水管にて低地峡谷へ流し落とす途中で、発電所のタービンを何段も回す。そんな水力発電システムとするならば、一人の立ち退き住民も、生じないはずです。

そのかわりに、現地の自然風景は、文字通り「山容あらたまる」ことになります。

しかし、わが国の不況がよほど酷くなりますと、「それでもいい。すぐにやれ」という世論が、優勢になるのではないでしょうか?


低地の僻地にだって、活路があり得ましょう。

たとえば、陸奥湾の水位は、潮流の関係で、太平洋よりも1m高いと聞きます。だったら、サイフォンと、下北半島を横断する「海水パイプライン」を建設すれば、安定した水力発電ができるかもしれません。


石油燃料を消費する漁船漁業の持続も、今後ますます苦しいだろうと心配されます。できれば早いうちに「養殖漁業」への転換を進めておくのが、わが国の食糧やエネルギーの安全保障上、望ましいに違いありません。

それを大々的に促しますと、おそらくかなりの海面が新たに養殖施設のため用いられることになって、海浜の風光もガラリと変わるでしょう。これまた、「自然改造」と紙一重の事業に、なるはずです。

ざんねんなことですけれども、もし、天然を破壊することによってのみ、人々の大きなわざわいを救済できるのならば、わたしたちは天然を破壊するべきです。

欧米先進各国はこれから、昨年までの高唱のてのひらを返すようにして、石炭火力発電設備を増強するでしょう。

人間の不幸と幸福について、へいぜい考えていることの浅い政治家ばかりですと、アジアで起こる《Z侵略》や、全地球的につのる経済困難に直面した暁に、わたしたちの、浮かぶ瀬がなくなりはしないかと、恐れています。

このたびも、徳間書店の力石幸一氏にはお世話になりました。ありがとうございます。

令和四年九月

兵頭二十八　謹んで識す

附録

資料：平時の市民武装に関する各国の事情

「自衛する住民」と「民兵」「予備役兵」等の違いについて

本書は、専制主義大国の侵略の矢面に立たされている周辺の小国は、現役の即応軍だけでなく、「民兵／郷土防衛軍」を多層的に組織しておくのが、侵略抑止のために合理的であると思料（しりょう）する。じっさい、多くの諸国は、すでにその制度をもっている。

だが本書は、22年のウクライナ戦争のような《Z侵略》が予期される場合には、それとは別に「住民の自衛」も切実な課題なのだ——とも信ずる。

そもそも「予備役」とはなにか。

欧州大陸の諸国軍が、その人員構成を「現役」と「予備役」の2段式にしていることは珍しくない。

現役の将兵だけではどうにもなりそうもない事態（たとえば強敵との本格的大戦争とか国家的な大災害）になったときに、はじめて「予備役」兵は市井から兵営に招集され、それによって現役部隊の人員規模が臨時的に補強されるわけだ。

たとえばここに、若い兵士を平時は志願者だけで充足できている国軍があるとする。志願兵も最下級クラスだと「任期」があって、たいてい1年から3年でいちど契約が切られる。

本人の希望により、その契約を2回（ときには3回）更新することもできるが、いつまでも下士官（伍長～曹長）に昇任をしないで――あるいはその能力が認められないで――軍隊に7年以上も下級の兵（二等兵～兵長）の身分のまま、現役として居続けることは、できない。

任期が満了して除隊した兵隊は、本人が希望すれば、あるいは徴兵制のある国だと法令の定めにより、「予備役」に編入される。

「予備役」は、平時には市井において民間人としての生計を営む。が、一朝有事のさいには兵営に召集される。

その「予備役」も、初老を過ぎるとまず召集されることはなくなるが、国によっては、老人になってもなんらかの形での召集の可能性を残すところもある。またそれを特に「後備役」と呼び分ける場合もある。

戦前の日本では、20歳で「徴兵検査」を受けて合格をしても、現役部隊の予算規模の制約があったので、平時には、その全員を現役二等兵として入営させることは不可能だった。そこで多くの健康な若者は、20歳でいきなり「予備役」に登録された。この集団は、まったく兵営生活を知らない集団だった。

昭和12年に始まった支那事変が泥沼化して、「赤紙」と呼ばれた召集令状で軍営に大量にあつめられた「予備役」の中には、かつて「現役」で徴兵されて任期満了している古手の「元兵隊」だけでなく、いいトシをして軍隊のことを何も知らぬ新兵が、大量に混じっていたわけである。

「民兵」は、国軍の編制の外側に成立する、合法的な武装ゲリラだ。

アメリカ合衆国の場合、憲法が「民兵」（ミリシャ）の存在を肯定し、その民兵が郷土部隊を編成して、たとえば、とつぜん専制政府化した連邦の軍に、火器によって抵抗することもゆるす。各州の「州兵」は、精神の上ではこの「民兵」に相当しているのである。

一国が外国軍によって侵略されてしまっているとき、国軍への入営義務のない市民が武器をとって「民兵」となることは、たいていの国で、合法的に可能である。その場合、戦時国際法を遵守すること――たとえば、民兵であることが外見から識別できる腕章のような徽章を身につけること、等――が、いちおう期待される。

ポーランドやバルト海沿岸諸国にある「郷土防衛軍」も、広義の「民兵」とみなすことができる。重装備であり、定期的な訓練もあるから、「ゲリラ」の一般イメージとは異なっている。

「民兵」にも、指揮系統がある。それがないと戦時国際法上、合法にはならない。

22年2月24日以降のウクライナでは、15歳から60歳までの全男子が、「民兵」もしくはそれと融合した存在になっていると言える。戦時下でもあり、小火器の所持を取り締まる法令などは停止されている。

本書が提言する「住民の自衛」は、敵兵がとつぜん自宅にやってきたことによって、住民が「民兵」の指揮系統に自発的に入ることが間に合わない場合に、やむをえずに臨時に「個人」として武器を使って抵抗する情況を、想定している。

世界には「民兵」の伝統があるとは言えぬ国が多い。しかし住民が《Z侵略》の餌食とならぬためにはこの制度を採用するしかない場合がほとんどではなかろうか。
そこで巻末の参考附録として、台湾を筆頭に、いくつかの国の、予備役制度、民兵制度、銃器の取り締まり法規について、瞥見（べっけん）しておこう。

欧州域では、銃規制が過去十数年、強化され続けている。イスラムテロや学校乱射事件のたびに、地域や国単位でさまざまに見直されている。
ビザ無しで互いに国境を越えて移動できるようにしようという自由経済圏の理想主義と、各国バラバラの銃規制とは、両立し難いから、たとえば、ポスト冷戦期の初期ならば、自宅に予備役兵が軍用のアサルトライフルと罐詰入りの弾薬を保管しているのは当然であったスイスのような国でも、その制度を昔のように維持はできなくなってしまっている。

北欧・バルト諸国での変化はどうなのか？　これらも是非つぶさに承知したかったところなのだが、わたしの調査能力不足がわざわいし、どうもリアルな実態が摑めたという自信が持てない。したがってつまみ喰い式の紹介となり、且つ、正確さも保し難いことについては、あらかじめご容赦を乞いたい。

以下、もし間違った紹介になってしまった場合は、ネット上で公開的にご叱正を頂戴できれば、読者のために幸いと存ずる。

台湾の兵役、ならびに銃器所持関係の法環境

台湾政府は２０１８年に、それまで１年間の服務が義務であった18歳徴兵制を事実上なくして、４カ月の軍事訓練――それも、２回に分けて、８週間ずつ合宿訓練を受ければよい。よって大学の夏休み等をこれに充てられる――を課すだけに改めていた。

しかしロシアによる「まさか」のウクライナ侵略を見せつけられ、同国政府は冷水を浴びせられた。

台湾の国防部は22年3月下旬、この訓練の期間の延長、もしくは１年徴兵制をまた復活することを、検討し始めたようだ。世論調査では、台湾の二十代の男子市民の四分の三は、侵略者と戦う意志はあるが、４カ月の軍事訓練は中味が薄すぎて自信が持てず不安だということもわかった。

台湾の法律では、退役将校や、政府が認めるさまざまな公務員などが、私的な「自衛」

（護身）の目的で銃砲類を自宅に置き、あるいは携行することを、特例的に認めている。それは原則として1人1梃（もしくは1戸に2梃）で、ライフル銃、拳銃、散弾銃のいずれでも許可が出るようだ（そのほかに、山岳地の先住民族の古式猟銃と、漁民の火器について、規制が別建てとされている）。

特定の個人にだけ銃器による私的な「自衛」をあらかじめ公許するという、ややユニークなこの法律の由来は、1949年に大陸から国府軍将兵が台湾に逃げ込んで来て台湾を支配し続けた歴史と、切っても切れないのだろう。国民党軍の老人たちは、中共との戦争にも、また、台湾島内部での政変や武力政争にも、備える必要があったのだ。

さすがに年々、そうした許可を受けている人の数は減っていて、近年では4000人ほどという統計もある。

このユニークな慣行は、その精神を整理すれば、未来の「住民自衛」の法的な担保になってくれるかもしれないと思う。

ウクライナが参考にしたポーランドの「WOT」とは

ポーランド国軍は現状14万人だが、まもなくすると30万人に増える予定である。200

9年以降はすべて志願制。正規軍と、郷土防衛軍「WOT」からなる。99年からはNATOに加盟している。

ポーランドの国防制度、とくに予備役の実態をシンプルに解説してくれている資料にはヒットしない。察するに、ある程度あいまいさを許容した、多層的な準備の余地を保存し、何が起きても柔軟・靭強に対応しようと念じているように思われる。

徴兵制ではないのだが、18歳の高校生に対する徴兵検査はあるようだ。合格すると、予備役に適するという登録がなされる。それによって必ずしも訓練を受ける必要はないようなのだが、おそらく対露有事のさいには応召義務も生ずるのであろう。

ポーランド政府が予備役に総動員をかけた場合、ポーランド軍は「数百万人」に膨らむはずだともいう。もちろん、軍事教練を受けたことのある者はその一部のみ、ということになってしまうが……。

国民の国防精神は旺盛だ。

たとえば2004年から08年のあいだに1万4543名の大学生が、すすんで軍事教習を受けたという。この制度は2010年1月にいったん停止されたものの、17年からふたたび復活している。

ポーランドが、地域防衛軍（英語で表記すれば「テリトリアル・ディフェンス・フォース」。

ポーランド語の略号だと「WOT」）を創設したのは2016年であった。

2014年のプーチンによるドンバス分離工作を見て、ポーランド人は、いずれ自国もこの手でやられると直感。15年の選挙で政権に就いた新指導部が、WOTの創設準備にとりかかった。

構想が発表されるや、数カ月にして1万1000人の志願者があらわれたという。

ポーランド人は昔から、ロシアやドイツの外来支配者に対する反骨精神は筋金入りだが、後述する如く「民兵」の伝統は無い。そこで米国の州兵がいろいろと協力することになったのではないかと思う。

WOTは、ハイブリッド戦争の初動に即応して敵の工作を粉砕することを主眼とするので、総人数は5万3000人でいいと考えられている。そのうち10%はフルタイム勤務のプロ軍人。残りが、地元の志願者だ。彼らはパートタイムの予備役兵なので、皆、平時の本業を別にもっている。

加入者は、まず16日間の合宿で基礎訓練を受ける。その後、3年にわたって、累計4カ月の訓練を間歇的に受け続ける。

基本は、月に一度の週末の集合訓練だ。それに、年に一度の、連続2週間の演習が加わる。

パートタイム・メンバーは、毎年ほぼ30日間を兵営で過ごすという。WOT隊員である3年間は、勝手に旅行へは行けないかわりに、月俸が支給される。

WOTの召集訓練日は、市井における彼の雇い主には1年以上前から予告がなされるという。また、イベント招待などによってその雇い主の理解も増すように、ポーランド軍では努めている。

ポーランド国内には16の「師団管区」がある。そのそれぞれに、旅団編制のWOTが1個、配されている（首都の管区のみは2個）。各WOTの隊長には正規軍の現役大佐が任命される。旅団の中には工兵中隊や補給中隊もある。

WOTは、正規軍司令部からの命令を必ずしも待つことなく、それぞれ地元において、ロシアのグレーゾーン侵略工作に即応し、ただちに応戦を開始できる。またもし味方の正規軍が敗退したような場合には、ゲリラとなる覚悟もしている。

地域コミュニティとともにあるので、平時には、防災出動もする。

戦争になったら、常備軍の支援役にまわるのだが、たとえばバルト海からロシア軍がいきなり上陸してきたといった場合には、正規軍がかけつける前に、当地に所在するWOTが海岸陣地の守備につき、抗戦して時間を稼ぐことが期待されている。

NATOの同盟国から援軍が来たときは、WOTがそれを護衛し、協働する。

バルト三国には、いずれもこのWOTによく似たシステムがあるという。

ポーランドにおける住民の銃器私有をめぐる法環境

ではポーランドでは、住民が兵器によって自衛ができるようになっているか？

じつは、同国における住民100人あたりの銃の私有者は、2・5人でしかない。欧州の中でも、かなり少ない方なのだ。

だから、銃の乱射事件もめったにない。2019年に学生が、黒色火薬を用いる登録不要の古式銃で2人の人を負傷させたという事件があるぐらいだという。

2017年の調査では、非合法の銃も含めてポーランドの市中には96万8000梃の銃器があるだろうと推定された。

2021年末時点で、ポーランドには65万8379梃の、合法的に登録された私有銃器が存在する。その持ち主の数は、法人も含めて25万2299人である。

さかのぼれば、ポーランドでは、1920年に、軍用ライフルを私人が所持することが禁じられた。

ドイツに占領されていた１９３９年から45年までの間、ポーランド人には、護身用拳銃はもちろん、猟用散弾銃、射的競技銃の所持もすべて禁じられた。違反者は最高で死刑であった（ガスマスクを持っていたというだけで、39年に15人が処刑されている）。

第二次大戦後は、政府が、ハンターやスポーツ射撃選手に、有効期限付きの所持許可証を発給するようになった。管理主体は、これまた戦後創立の「Milicja Obywatelska」、略して「ＭＯ」という機関。英訳すると「シチズンのミリシャ」になるのだが、《民兵》らしい性格などは皆無で、ありていは、市民を監視する警察の地域特務部隊である。

この「ＭＯ」は、最盛期の80年代には8万人を数えた。ポーランドでは１９８１年に戒厳令が敷かれる騒動があった（ソ連軍の介入がありそうなレベルだった）。その直前、内務大臣が、すべての民間の武器は「ＭＯ」の武器庫にあずけろという命令を出している。

１９９０年5月に「ＭＯ」は廃止されて、銃器管理の仕事は警察署が引き継いだ。

同年、スタンガン、クロスボウ、暗器（あんき）状の刀剣、先端が硬い屈撓（くっとう）性の警棒、ヌンチャク等の所持が禁止された。この禁令は今も有効だが、ヌンチャクは、現実にはマーシャルアーツ道場で堂々と使われている。

94年からは、銃の所持許可の期間規定はなくされた。

99年、銃砲刀剣類の取締り法が、全面改正された。

そのさい、所持の理由として「護身」もあり得ることが明記された。

21歳以上の永住者が、まず資格の基本である。しかし、狩猟団体、スポーツ射撃団体等の推薦があれば18歳でもいい。

酒酔い運転の前歴があるだけでも、ポーランドでは銃器の私有は不許可になる。

常続的で、真実の、ふつう以上の生命の脅威を受けていると警察が認めたなら、私人が、口径12ミリ以下の拳銃、ガス銃、脅かし銃（空砲だけを発火できる）、10ミリアンペア以上のスタンガンなどを所持する許可が与えられる。

「護身」目的での警察の許可判断は、すこぶる基準があいまいだ。

また、生命に加えて不動産なども脅威にさらされているという場合には、口径12ミリ以下のサブマシンガン、12ゲージの非自動式のショットガン、7・62ミリ以下のフルオートの小銃によって守ることも認められるという。

この「護身銃」の許可をいちど受けたあとも、5年ごとに精神監査がある。2018年からは、猟銃所持者も同様の定期的な精神検査を受けなければいけない。

ポーランド人は、銃口エネルギーが「17ジュール」までの空気銃は、警察になんの届けもせずに所持できる。それ以上の空気銃だと、届け出の義務がある。許可申請は不要だ。

猟銃〔おそらくボルトアクションライフル〕は、薬室内の1発を含めて、6連発まで合法になっている。

セミオートの猟銃は、マガジン内には2発までしか許されない。それにプラス、薬室内に1発でもいい。

射的競技銃や護身用の拳銃には、弾倉容量の制限は無いようである。

許可を受けた銃に適合する弾薬は、何発持っていてもよい。しかし適合しない弾薬を所持していたら、1発でも免許は取り消される。火薬の入っていないダミー弾は、おとがめなし。

銃の保管場所は、EU規格の銃金庫でなくてはいけない。

保管室には、試射用の砂箱も必要。これは、薬室から抜弾したことをカラ打ちで確認するためだ。

いくら広い土地を私有していても、公認された射場ではない場所での射撃練習は、ポーランドでは許されない。

ポーランドでは、護身目的でも警備目的でも、民間人が拳銃を持ち歩くときは、初弾を薬室に入れていてはならず、かつまた、身体に密着したホルスターに納め、外見でそれと分からぬようにしなくてはいけない。その状態でも、公共のイベントがおこなわれている場所等に立ち入ってはならぬ。港、船舶、飛行機もダメだ。

プラスチック製の拳銃、仕込み銃は、禁止されている。

全自動火器は、管理設備の整ったコレクター団体であっても保有は許されないという裁判所の判例が2018年に出た（それで警察署が当分あずかることになった）。おそらく、犯罪組織等の偽装を警戒するのだろう。

動作できなくした実銃は、コレクションアイテムとして警察に届けるだけで、18歳になれば買える。

2011年以降、レーザーポインターと暗視スコープは許可になった。通販で銃を買うこともできる。

消音器は許可されていない（病気の家畜の殺処分に限り、例外許可）。が、消音器の販売そのものは野放し状態で、単品で所持していても起訴されたりはしないという。

現役の軍人が私有の銃を持ちたい場合は、憲兵隊の司令官の許可を得ればよい。

私立警備会社の警備員やシューティンググレンジの従業員用には、別枠のライセンスがある。所有の許可ではなく、会社から貸与された銃器を取り扱うことができる免許だ。２０１９年末時点で銃の取り扱いだけの免許を貰っていた人は９万５６６３人。この中に、警備会社や民間軍事会社の社員が含まれている。

メリケンサックは、許可を受ければ持てるという。野球バットに似せた棍棒は許可されない。

人と財産を守るためという理由で護身拳銃の所持を許可された人は、２０１４年末までの15年間で、トータル67人しかいない。２０１５年には、９人が新たに許可されているという。

フィンランドの銃環境

フィンランドは、ポスト冷戦期に5万人まで落ちてしまった現役兵力を、２０１４年からなんとか増強しようとしていて、懸命だ。もちろんロシアの態度を見て考えを変えたのである。今でも、予備役を総動員すれば、兵力は28万人になる。徴兵は18歳から。それを短期で除隊すると、50歳もしくは60歳までは予備役になる。その間に、累計40日から１００日の、間欠的な集合訓練に応じる義務がある。

では民間には銃器がどのくらい存在するのか？

２０２０年時点で人口が５５３万人のフィンランドでは、30万人が狩猟許可を得ているという。射的クラブには３万４０００人が所属する。

予備役兵は、彼らの私物のセミオートライフルと拳銃で、時々腕を磨いている。

銃器のコレクターとして公認されている人も、１５００人強、いる。

フィンランド国内には、１５０万梃の登録銃器がある。

そのうち22万６０００梃がハンドガン。のこりは長物だ。

フィンランド国民のおよそ12％に銃の所持許可証が発給されており、この比率は、スウェーデン、フランス、カナダ、ドイツと大差がないそうだ。

未登録の不法状態の銃器は、たぶん、100万梃以下だろうという。その大部分は、第二次大戦中の銃器が戦後、そのまま隠匿されたものと考えられている。いつ、ロシア軍に攻め込まれるか分からない国なので、政府はそれを咎めないようだ。緊張感が違うのである。

それでも、1998年には大きな法改正があった。これはEUによる欧州火器取締り合意に合わせた立法措置だった。護身用の名目での銃所持は、1998年以降は、フィンランドではできなくなった。

2007年と2008年に、「.22リムファイア」という比較的に弱い弾薬の自動拳銃による学校乱射事件が発生した。これを承けて2011年に、ハンドガンの規制がやかましくなっている。購入・所持の前に、2年間、射撃クラブでの活動がなければいけない。年齢も、20歳以上でなくてはいけない。

隠して携帯することが容易なサイズの拳銃、たとえば「グロック19」は、競技射撃用の銃としては、認められていない。

口径6・25ミリ以下の空気銃は、銃口エネルギーの大小とは関係なしに、無規制である。所持するのに許可が要らない。

それより口径の大きい空気銃には許可が必要だ。ただし、すでに他の銃器の所持許可を持っているなら、不要。

弓、ボウガンも規制外だ。しかし唐辛子スプレーは、ほんとうに脅威を受けていると認定されない人には、所持が許可されない。

消音器は使ってよく、さまざまなアクセサリーも、自由。

所持許可証を保有していない人でも、それを保有している人の直接の監督下であれば、射撃ができる。

合法的な弾薬保有量に上限はないが、火薬庫の法律があって、個人家屋内の一箇所に貯蔵してよい上限は、実包2万発である。分離された火薬庫を別に建てるなら、この上限もなくなる。

EUは2017年に、厳しい火器取締り法を採択した。すなわち、21連発以上できる拳銃や、11連発以上できるセミオート・ライフル銃は、「カテゴリーA」とされて、原則、私人による所持を禁じた。

これをフィンランドも国内法に反映させることになり、猟銃の装弾数は制限されている。しかし、スポーツ射的と、予備役兵登録者には、ひきつづいて大容量の弾倉が許可されている。

フィンランドでは、最初の申請書に記載した所持目的とは違う用途に銃器を使うことは自由である。競技銃で狩猟してもよいし、その逆もOK。しかし、許容数以上入るマガジンを所持していることがバレると、銃所持免許も、取り上げられる。

また、アサルトライフル仕様の銃（たとえば「AR－15」）は、射的に限って許され、もし狩猟に使えば警察は黙認しないだろうという。

スウェーデンの銃文化

スウェーデンの人口は2020年統計で1010万人。

狩猟団体やシューティングクラブに所属するスウェーデン人は、2015年の調べでは56万人いた。民間人の銃の所持者は、これプラス、数万人だろうという。所持理由で最も多いのが、狩猟である。

スウェーデンには長い「銃猟」の歴史がある。それを非難する外国人に対しては「自然保護にも貢献している」と反論する。

たとえばビーバーはコンスタントに増えているから、これをライフル銃で獲ってもいい。しかし散弾ではダメ。そういう細かい規則がある。

罠猟の規則もきびしい。特定の罠は、朝と夕方の2回、あるいは1日に1回、獲物を確認して回収しなければならない。獲物を罠にかけたまま半日以上放置すると、罰則に直面するのだ。

稀には、常時監視を要求されるタイプの罠もある。

アナグマ狩りでは発煙筒を用いてもよい。

野兎や、野猪のハンティングには、位置固定の照明具を用いてもよい。

ちなみに「仕掛け罠鉄砲」は、２０１７年のＥＵ法が禁ずる火器のカテゴリーに属するゆえ、スウェーデンでもご法度だ。

スウェーデンでは18歳から銃猟所持が可能である。銃も、18歳以上から購入できる。

競技用の射的銃の場合は、スポーツ射撃クラブに最低半年、所属して、これから買おうとする銃の扱いに通暁していないと、所持の許可は下りない。

狩猟免許を18歳からとる準備として、すでに免許を持つ者の監督下、15歳から「準備コース」を受講してよい。このコースは1年間である。

スウェーデンの法律では、1人が最大で16梃もの火器を持ってよい。組み合わせとして、たとえば猟用ライフル6梃＋拳銃10梃、とか、猟用ライフル8梃＋拳銃8梃、でもＯＫ。

特別な理由を添えて申請すれば、もっと多数を所持できる。

ＤＶ歴のある者、飲酒運転した者は、銃器をもてない。それで毎年、1000人ほどの申請が、却下されているという。

すでに所有している銃のための弾薬を買うのに特にライセンスは要らない。しかしそれと関係ないタマを買うにはライセンスが必要だ。

人から銃を借りて使う場合も、証明書が必要。

許可が失効した場合、３カ月以内にその武器を売り払わねばならない。

銃のコレクションもスウェーデンでは合法だ。サブマシンガンなども蒐集（しゅうしゅう）ができる。さすがに、それらは鉄格子ドアの中に厳重保管しなくてはならず、もしも展示をするならば、防弾ガラスとする必要がある。

スウェーデンでは、狩猟や射的練習のために銃を持ち歩くことは合法である。

ただし、銃に弾薬が装填されていてはならず、むきだしで人目についてはならず、輸送途中は常に監視がされていなくてはいけない。

スウェーデンでは銃犯罪はまず9割9分、男が引き起こしている。

１９８３年から２０１３年まで、スウェーデンでは、銃の乱射事件が2件あった。米国では78件、起きている。

２０１４年の統計によると、米国では銃による殺人が８０００件以上あったが、スウェーデンでは21件である。他の年でも、銃によって50人以上が殺されたことはないという。

スウェーデンは２０１０年に男子の徴兵をやめた。しかし２０１４年からのロシアによるウクライナ侵略を見て考えが甘かったと覚り、17年に徴兵制を復活させた。現役の任期は1年未満（1資料によれば85日間）。そのあとは、予備役になる。毎年３週間から4週間、呼集されて訓練を受ける。それを３年から４年のあいだ、継続する。２０１８年からは女子も平等に徴兵することになった。任期は男子と同じである。

一般的な予備役とは別に、英語で「ホームガード」と訳される「郷土防衛軍」が、40個大隊（総人数にして2万２０００人ほど）、スウェーデンには存在する。これは第二次大戦中からあった民兵組織をひきついだものだが、徴兵制を廃止するに先立ち、その補塡の意味で、機械化歩兵部隊なみに装備が強化され、即応性も高められた。

ただし隊員のほとんどは、ふだんは他の職があるパートタイマーである。

ホームガードは、たとえばゴトランド島のような最前線では常時貼り付けのようなものである。が、それ以外の方面では、ロシア軍が攻めてきそうなときにヘリコプターで要所へ運ばれて配置につく。

彼らは、敵の侵攻の第一撃をたえしのんでいてくれればいい。すぐあとから、より専門的で威力ある現役部隊がかけつけるから。

ホームガードはスウェーデン国籍を持っていないと入れない。

ホームガードの小銃は、ドイツの「G3」をスウェーデンでライセンス生産しているアサルトライフルである。基本的にはレッドドットサイト付き。分隊の狙撃手の銃だけ、4倍のスコープとなっている。

2015年にはホームガードにも「重迫小隊」がつくられ、120㎜迫撃砲を装備することになった。

拳銃は「グロック17」をライセンス生産したものだ。

「セスナ172」のような軽便連絡機や、舟艇類も、ホームガードは保有する。

ホームガードには幼年学校のようなものがあって、15歳から入れるという。寄宿制ではない。週末だけの集合訓練を年に12回弱、受講する。16歳までは「.22ロングライフル」の射的銃、それ以降は本式のアサルトライフルを持たせる。

ただし国際的な定めによって、18歳未満の者に実戦をさせることができない。だから彼らの身分は兵士ではない。

この幼年学校生を4年続けると、85日間の徴兵は既に了えたものとして遇される。

フィンランドが1920年から組織している女子志願兵部隊を、スウェーデンは192

4年に模倣した。

略して「ロッタ」（Lotta）と呼ぶ。それが通称になっている。

第二次大戦中は11万人に膨らんだが、戦闘には加入させていない。15歳以上の女子人口の5％に相当した。

1989年、スウェーデン軍が軍隊に女子志願兵を受け入れることになった後も、ロッタの機構は残されている。

このように、正規軍以外の補助的な軍事組織が多重に存在している伝統のせいなのか、スウェーデンでは、組織犯罪者が軍用手榴弾を使うこともめずらしくはないのだという。

スイスの市民武装精神

スイスは連邦国家で、26の自治区である「カントン」が集ってできている。

法令は、カントンごとに整備されている。銃器管理関連も例外ではない。

そこでこんなことも起こる。某カントンで銃器の購入を拒否された人物が、すぐ隣のカントンでそれを購入する。そのさい、前のカントンでは購入を認められなかったという記録は、情報共有されないのだ。

そんな調子であるから、国家としての銃統計も、あっけらかんと用意されていない。連邦が、公式調査を、そもそも実施しようとしないのだ。

これを「善し」とするスイスの気風は、アメリカ合衆国に似ている。米国では、個人に対して販売された銃がその後どうなったかを政府が追跡することは違法だと考える世論が強い。また1996年に成立した米連邦法では、疾病予防センターが持っている精神病者の個人情報を、銃所持資格の確認のために利用させてはならないとしているほどである。

角逐する欧州二大勢力、ハプスブルグ（オーストリー）とブルボン（フランス）の中間山岳地に暮らすスイス人たちは、16世紀から局外中立を志向していたものの、欧州の主要大国がそれに同意してくれたのは、ようやくにナポレオンが没落した1815年のことだった。

前提として、銃器によってフランスの支配に頑強に反抗し続け、革命フランス軍を辟易させたという実績が、認められたのである。だから国民総武装はスイス人のアイデンティティそのものだ。

アルプス地方のカントンには、特にその伝統が強いという。狩猟は日常的になされ、2008年までは猟銃を登録する必要すらなかったほどだ。

スイスでは、「護身」や「私有地防衛」は立派な銃所時の理由になる。店頭渡しのホローポイント弾やソフトポイント弾は、狩猟目的に限定される。フルオート銃、消音器、レーザー照準器などは、カントンの許可を得なくてはならない。スタンガンや暗視スコープも、1998年以降は原則として所持が禁じられている。外から見てわからない携行流儀は、滅多に許可されない。狩猟や射的練習のための銃の運搬のルートが不合理なときは、警察から問い詰められることがある。最短コースでなくてはならない。

スイスは「国民皆兵（かいへい）」で有名だ。相手が戦前のナチス・ドイツであれ、冷戦期のワルシャワ条約機構軍であれ、「中立」は実力行使によって、みずから守る義務があった。いまの法令では、スイス男子は20歳で4カ月間の兵営訓練を受け、そのあとも毎年3週間ずつ、訓練召集されて、練度維持に努める。累積訓練日数が数百日（ポストやランクによって変わる）に達したところで「現役兵」ではなくなって「民兵」となる。兵隊の民兵は、中年まで非常時の応召義務があり、将校の民兵は、初老まで応召義務がある。

かつては、徴兵されて現役兵を一定年務めて除隊したあと、兵隊であれば42歳まで、高級将校は52歳まで、自宅に自動小銃や自動拳銃を保管し、有事のさいには即、軍営に呼集される仕組みだったようだが、２０１７年以降、自宅にフルオート火器や軍用ライフル弾を保管できなくなったこともあり、いろいろと緩くなっているのだろうと想像される。

それにもかかわらず、スイスの全男子の三分の二は、軍隊経験者だという。

女子も陸軍の志願兵になることは可能である。

スイスでは5歳からでも射撃を学べる。銃口は人に向けず、ターゲットもしくは天井に向けること。これをエアライフル銃で最初に習うという。

10歳になれば射撃場で射っていい。しばらくすると準軍用ライフル銃を無料で射てるようになる。政府が奨励策として、弾薬代を補助してくれるのだ。

スイスの「公設射場」は、民兵が義務として射撃の腕を磨き続けるための施設である。それが、スポーツ射撃団体の練習にも供される。

毎年9月の第二週末、チューリッヒでは少年少女の射撃大会があり、12歳から16歳までの４０００人が参加。ライフルのマークスマンの称号を争うという。

射場を退出するとき、インストラクターは残弾を確認しなければならない。残弾は持ち出せない。

スイスでは、18歳で、とくに問題なければ、銃を所持できる。

短期滞在の外国人であっても、その本国で銃の所持が許されているなら、まずOKだ。

ただし次の国籍の者には銃は持たせないことになっている（理由を書いてある資料にはヒットしなかった）。すなわち、セルビア、ボスニア・ヘルツェゴビナ、コソボ、北マケドニア、トルコ、スリランカ、アルジェリア、アルバニア。

ボルトアクションライフル、二連猟銃には所持申請が不要で、バックグラウンドチェックだけが求められる。

政府が公認している射撃クラブや狩猟クラブに所属している人は、購入許可証を取得する必要がない。

スポーツ射撃、狩猟、蒐集が動機なら、セミオートマチックライフル銃も、ほぼ自由に買える。

ただし2017年のEUの銃規制措置に合わせるために、半自動式小銃や半自動式猟銃の弾倉容量は10発が許容上限とされ、半自動式拳銃の弾倉容量は20発が許容上限と決められている。

銃は専門業者からしか買ってはいけない。

個人間の売買も許されているが、少年や前科者に売れば違法だ。また、もし銃が盗まれたら必ず警察に届けなくてはいけない。

スイスでは銃を持ってストリートを歩けば基本的に犯罪である。

現役徴兵期間が満了した兵士は、民兵として自宅に保管する武器を選べる。かつては現役時代のフルオート小銃がそのまま渡されていたのだが、今は、あらためて許可申請をした上で、セミオートの（ただし使用弾薬はＮＡＴＯ弾の）ライフルを購入しなければならない。

ちなみに常備軍用の自動小銃は「Ｓｉｇ　５５０」である。かつてはスイス民兵は、こうしたアサルトライフルとともに、缶に封入された50発の実包も自宅に保管した。この缶を開封するのは、非常呼集がかかったときだけ。連隊集合地に向かう途中で封を切った。

しかし非常呼集訓練は２００７年をもって終了し、翌年からは、封印缶入りの50発の弾薬も、家庭には置かれないことになった。その後、２０１１年3月までに、この弾薬は99%回収されたそうだ。

空港など、特別な場所の近くに住む民兵にのみ、ひきつづき弾薬常備が求められる。それはだいたい２０００人だという。

のこりの民兵はすべて、有事動員されたときに、兵営で弾薬を支給される仕組みに変わっている。

ポスト冷戦初期には、スイスには60万人もの民兵がいた。この数はしかし、２０１３年には20万人まで減っている。

イラク情勢と関連したテロ事件が欧州において懸念され出した２００５年の調査では、スイス全戸の28％に銃器が置かれていた。その比率は欧州で二番目だった。

さらに、パリのテロ事件を承けたＥＵ法との関係で銃器の管理をもっと厳しくしなければならないと意識された２０１７年に、民間機関が推計したところでは、スイス国内には２３３万２０００梃がありそうだった。全人口が８４０万人だったから、１００人あたり27・６梃となる。

同じ年の別な推計では、個人所蔵の銃は３４０万梃だろうとする。それを信ずるなら、人口１００人あたり41・２梃になる。

かたや、米国の１００人のうち89人は銃器オーナーだという数値があるので、比較するのである。

と、少ない。

「国民皆兵（かいへい）」がスイスの代名詞だったのに、なんと米国よりも自宅での銃保有率は低い

スイスでは、殺人の9割は銃器を使ってなされている。

1989年の民間調査では、銃犯罪率はオランダやイングランドよりも高かったが、殺人発生率そのものは、ベルギーやフランスやドイツよりも低かった。

家庭に銃が置いてあれば、家庭内の悶着で銃が使われる。スイスでも、特に銃を使った自殺が多いと、国民は意識していた。

しかし、いまや軍人（民兵）のほとんどは、自宅に弾薬を保管できない。

それにともない軍用銃による自殺は減ったという。

2006年に、民兵の軍用銃を使った妻殺しが発生した。被害者はスキー競技で有名な選手だった。

これをきっかけに、軍用銃の自宅保管の是非が問い直されて、退役軍人に無条件ではライフルを与えぬことになった。

また連邦議会は２００７年、軍用拳銃の弾薬を家庭には1発も置かせないことに決めた。

２００８年にはスイスは、欧州シェンゲン情報機構に加わることになり、それにあわせて国内法が見直され、銃器の所有者の移転があった場合はそれを中央データベースに登録することになった。

２０１１年2月、軍用の銃は私宅ではなく官公署において一括保管をするべきかどうかを問う国民投票があった。56・3％のスイス人が反対して、動議は否決された。

スイスには「プロ・テル」という、１９７８年にベルン市に創立されたロビー団体があって、《銃器が家庭にあるからこそ、専制政治が不可能になる。市民から武器を取り上げるのは専制支配者である》と広宣している。米国のＮＲＡ（全米ライフル協会）と、よく比較される。「Tell」はもちろん「ウィリアム・テル」のことだ。

ＥＵはしかし２０１７年に広範な銃規制の条項をとりきめた。上述の、市販されるセミオート銃器の弾倉容量の制限等が、これにともなって各国に課せられた。

スイスは２０１８年8月の法令改正でこれに歩調を揃えた。観光インバウンド収入で財政が回っているスイスとして、ＥＵ加盟国でないから独自の銃文化を維持して危険な銃器の供給源になって逆鎖国を受けてしまうというわけにはいかなかったのだ。

チェコ共和国との比較で注目されるのは、スイスでは、全長12センチ以上で刃渡りが5センチ以上のバタフライナイフ、投げナイフ、諸刃ダガーで刃渡り30センチ未満のもの、アームレスト付きのパチンコ、警棒、手裏剣、メリケンサック、ペッパースプレー以外の催涙スプレー、電気ショック器具を自由に所持することはできない。

《弾が飛び出す携帯電話》のような「暗器」の類は、概して禁止のようである。外国のスパイが多いことと関係があるのかもしれない。

チェコ共和国の武侠都市精神

もっか欧州の自由主義圏域に属しながら、市民の銃器所持については随一、ポジティヴな信念を貫こうとしているのが、かつて東欧の「チェコ・スロバキア」の一部であったチェコ共和国だ。

人口1071万人弱（2020年）の同国では、運転免許感覚で、銃器所持許可証がとれるという。所持者の総数は30万人以上だ。

憲法レベルでも、法律レベルでも、個人の武装自衛権が正当化されているようだ。

護身のための懐中携行の免許があり、21年末で25万人以上がその免許を受けているという。

つまりチェコではほとんどの銃オーナーが、護身のために火器（多くは9ミリの自動拳銃）を持っているわけである。狩猟やスポーツ射撃が目的の人は少数。これは他の国との顕著な違いである。

ナイフに関しては、購入にも所持にも何の規制もないらしい。

さらにチェコの国会議員になると、懐（ふところ）に拳銃を入れたまま議事堂に入ってもよい。国会議員についてては入り口でチェックすらしないのである。

一体なにゆえに、そんな特異な風土なのか？

１４１９年から１４３４年まで続いた「フスの乱」で、神聖ローマ帝国（カトリックのドイツ領主たち）を中軸とする教皇勢力を相手に、プロテスタント運動の先駆をなした「フス派」のチェコ人が、人民総武装方式で反抗。とくに１４２１年以降は初歩的な火器「ハンド・キャノン」を多用して善戦したのだ。

そのとき以来、チェコ人たちは、民衆の火器武装によって宗教の自由や政治的な独立を確保したと信じているのである。

英語の「ピストル」も、語源は15世紀のチェコ語だったという説があるほどで、チェコ人たちは《銃器闘争》の自国史に誇りを抱いている。

じっさい1517年に市民の武装権が合意された成文文書が残るそうだ。「火器法」は1524年に成立し、すべての市民は火器を携行できることが謳われた。

欧州最古の「常設シューティング・レンジ」も1617年にチェコに開かれたという。

われわれ日本人にとっては、支那事変中に日本軍を悩ませた「チェコ軽機」（ブルノ社製と、各国がそれを模倣した複数のタイプがあった。基本の口径は当時のドイツ軍と同じ7・92ミリか、英軍と同じ7・7ミリ）が、なじみ深い。当時の陸戦記録のあちこちにそれは登場する。鹵獲品を日本軍でも珍重していたのだ。日本兵たちが「無故障軽機関銃」と呼ぶほどの信頼性があった。

ヒトラーのドイツが1939年にチェコを併合すると、「チェコ戦車」がドイツ機甲部隊の有力装備に組み入れられた。これはその次に起きる対仏戦から独ソ戦の初期まで活躍していたことが、当時の写真から分かる。チェコは戦前から機械工業の基盤を確立していたのだ。

ところがチェコ人にとってたいへん無念なことに、とつぜん支配者となったナチスドイツは、それまで６００年続いた「チェコ市民の武装の権利」を、剝奪してしまった。

さらに戦後の１９４８年には、ソ連の手先の共産政権が成立し、チェコスロバキアはポーランドなどとともに「東側陣営」に組み込まれてしまう。そこでは当然に、市民の銃器武装など許されたわけもない。

それでもチェコの銃砲工業界は、共産圏内にありつつも、優れた火器設計能力の伝統を絶やさないようにした。たとえば、ソ連の「ＡＫ－47」と見た目だけはそっくりなのに、中味の機構をまったく造り変えてしまい、集弾性が著しく高い独自のアサルトライフルや、世界最小サイズに近いコンパクトなサブマシンガン。それらは70年代いらい、世界のテロリストによって愛用された。また、今日では珍しくはなくなったが、１５２～１５５ミリ級の加農砲をタトラ社のトラック車体の上に載せて、そのまま発射もできるようにした装輪式自走砲を、なんと１９７７年に世界で初めて完成させたのもチェコスロバキアだった。

やっと１９９０年代に入り、晴れて再びチェコ人は、国民が自分で決める政体と、市民武装の自由とを取り戻す。

さっそく1992年に国内合意された、基本的権利に関する憲法憲章は、自己および他の人の生命を守るために武器を使う権利があるとし、その細かいことは法律で決めるとした。

これを、合衆国憲法の「修正第2条」と同じものと見る向きもあるが、かなり違うという。

「修正第2条」は、人民に武装権を認めることにより、政府に対する銃器による人民の拒否権を担保する主旨である。対して、チェコの憲法は、政府が法律でいくらでも銃器を取り締まれることを定めている。むしろ「私人の自衛権」に主眼があるのだ。たとえば人が犬に襲われた場合、その犬を銃で射殺しても、「自衛」だからということで無罪になる。

今日、チェコ国内において火器の所持が許される年齢は、基本的に18歳からである。が、スポーツ射撃クラブに所属しているなら15歳でもよく、また狩猟の学校を受講している生徒は16歳でもOK。

免許試験では、応急処置の知識や、故障時の正しい対処ができるかどうかも試される。

実技試験中、不用意にトリガーに触れたり、安全でない方向に銃口を向けたり、ダミーカートが入っているのにそれに構わずに分解を始めたりしたら、不合格である。

アル中や、過去に懲役12年以上くらっている者は、まず受験のチャンスはない。5〜12年服役した者は、出所後20年で受験資格が回復するようだ。

チェコの銃所持免許は10年ごとに更新が必要だ。そのさい、健康チェックもある。たとえば聴力テストでは、6m先の普通会話が聞き取れなくてはならない。

自衛のための銃器は、1人で2梃まで持ち歩ける。

チェコ人に選好されている拳銃は、「CZ75」と「グロック17」だという。

「CZ75」は、戦時中の英軍特殊部隊員が愛用した「ブラウニング・ハイパワー」をダブルアクション化した趣きの自動拳銃で、1975年に輸出品として国産したものだ。

これだけ銃があるにもかかわらず、プラハは安全な街だと宣伝されている。

「市民の武装自衛」を許していないイスラエル

イスラエルで銃器を管掌しているのは「公共安全省」の中の「銃砲免許局」である。

根幹法令は1949年の「銃器法」である。アメリカ人がよく誤解をするようだが、これは「武装権」を認めた法律ではない。

所持を許認される者は誰であれ、定められた要件を満たさねばならず、また、銃器を所持する必要がなぜあるのか、説明ができなくてはならない。そうした適格基準の最新版は、2018年11月に更新されている。

ほとんどの場合、許認されるのは、1梃のピストルと、弾薬50発だけだ。

免許は、特定の銃器について出される。だから、最初の免許とは違う銃を別に所持したいときは、別な免許を取り直す必要がある。

資格要件。

イスラエル国民であるか、イスラエル永住者であること。申請に先立って、少なくも3年間、イスラエル国内で暮らしていた者でなくてはいけない（例外は、その者が、イスラエル軍将兵、もしくは国家公務員として働いている場合）。

ヘブライ語の基礎的な読み書き、質問への回答、インストラクションの理解ができなくてはならない。

イスラエル軍の兵役を終えている者は、18歳から資格がある。

イスラエルの公務員を2年やっている者は、21歳から資格がある。

どちらもやってない者でイスラエル国籍だけがあるという者は、27歳以上から資格がある。

どちらもやってない者でただの永住者ならば、45歳以上から資格がある。ツアーガイド、現役の農民、爆発物を運搬する作業員、元ベテラン将兵（中尉以上か、曹長以上だった者）、特殊部隊員だった者、刑事を2年以上していた者。

空港警備員の特殊訓練を受講した者。イスラエル警察が太鼓判を押した者。2年以上消防救急隊員をしている現役の者。有効な免許をもっているハンター……なども資格がある。

猟銃は、許可できるものについて公園局がリストを作っており、その中から選ばなければいけない。

イスラエルでは銃器の種類を問わず、銃所持者はどの時点でも50発を超える弾薬を所持してはならない。

射場では1発1発が、数えられている。

とうぜん、所持する銃を売るときにも、事前の許可が必要だ。

獣医は殺処分に使うためのライフルを持てる。ただし型式の勝手な希望は通らない。行政が、ふさわしい銃を指定する。

銃器免許局は、申請の40%を却下しているという。

兵役期間中に暴力事件を起こしたような者にも、所持は許可されない。

そもそも「権利」ではないから、許可されないことについて文句を言っても無駄である。45日以内に訴えることはできるが、裁判所が味方してくれることはまずない。

外国人がイスラエルに来ると、若い徴兵たちが公然とストリートで自動小銃など携帯しているので驚くだろう。

しかしイスラエルに「合衆国憲法修正第2条」は無いのである。

もともと私人の銃器所持にはうるさかったが、近年はもっと規制が強化されている。イスラエルでは「護身のため」と申請しても銃の所持許可は下りない。

ただし、ヨルダン川西岸の「グリーンライン」を越えたところに居住している者は特別で、そこでは自治体の武装が公認されている。

兵頭二十八（ひょうどう　にそはち）
昭和35年、長野市生まれ。陸上自衛隊に２年勤務したのち、神奈川大学英語英文科卒、東京工業大学博士前期課程（社会工学専攻）修了を経て、作家・評論家に。既著に『米中「AI大戦」』（並木書房）、『アメリカ大統領戦記』（２冊、草思社）、『「日本陸海軍」失敗の本質』『新訳　孫子』（PHP文庫）、『封鎖戦――中国を機雷で隔離せよ！』『尖閣諸島を自衛隊はどう防衛するか』『亡びゆく中国の最期の悪あがきから日本をどう守るか』（徳間書店）などがある。北海道函館市に居住。

ウクライナの戦訓
台湾有事なら全滅するしかない中国人民解放軍

第１刷　2022年10月31日

著　者　兵頭二十八
発行者　小宮英行
発行所　株式会社徳間書店
〒141-8202　東京都品川区上大崎3-1-1
目黒セントラルスクエア
電話　編集（03）5403-4344／販売（049）293-5521
振替　00140-0-44392
印　刷　三晃印刷株式会社
カバー印刷　真生印刷株式会社
製　本　ナショナル製本協同組合

乱丁・落丁はお取り替えいたします。

Printed in Japan
ISBN978-4-19-865540-2